检验技术概论

熊少伶　著

U0335833

吉林科学技术出版社

图书在版编目（CIP）数据

检验技术概论 / 熊少伶著． -- 长春：吉林科学技
术出版社，2023.8
ISBN 978-7-5744-0904-0

Ⅰ．①检… Ⅱ．①熊… Ⅲ．①化学分析－检验－概论
Ⅳ．① O652

中国国家版本馆 CIP 数据核字（2023）第 183080 号

检验技术概论

著 熊少伶
出 版 人 宛 霞
责任编辑 周振新
封面设计 树人教育
制 版 树人教育
幅面尺寸 185mm×260mm
开 本 16
字 数 240 千字
印 张 10.75
印 数 1–1500 册
版 次 2023年8月第1版
印 次 2024年2月第1次印刷

出 版 吉林科学技术出版社
发 行 吉林科学技术出版社
地 址 长春市福祉大路5788号
邮 编 130118
发行部电话/传真 0431-81629529 81629530 81629531
81629532 81629533 81629534
储运部电话 0431-86059116
编辑部电话 0431-81629518
印 刷 三河市嵩川印刷有限公司

书 号 ISBN 978-7-5744-0904-0
定 价 87.00元

前　言

　　检验技术是一种对制造过程和产品质量进行检查、测量、测试和评价的方法和技术。检验技术的主要目的是保证产品符合规定的规范标准，以保障用户的利益，防止产品的缺陷和损失。检验技术的主要要素包括实验室测试和现场检查。

　　检验技术可以帮助企业掌握产品制造的整体流程，及时获取和处理质量问题，提高产品的质量和竞争力。但是，检验技术也存在一定的局限性，不同的检验方法和标准，可能会对不同材料和产品的质量带来不同程度的影响。因此，选择合适的检验方法和标准来确保产品的质量和安全是至关重要的。

　　对实验室质量安全风险管理工作来说，在实际展开的过程中，人员方面的风险管理是其中最为重要的环节之一。风险管理是一项需要全体人员参与的系统性工作，同时，还需要参与人员能够积极地对自身岗位存在的风险进行准确判断，并且对风险程度进行识别以及分析，这样一来可以使风险管理措施的应用效果更加理想。实验室的质量安全管理在很大程度上取决于管理人员，尤其是对于质量检测人员来说，综合管理风险的影响更大。

　　质量检测人员由于对实验室中各种设备以及仪器的使用情况较为清楚，同时对一些易耗品的保存以及应用情况有清晰的了解，但是往往缺乏相关的风险管理知识，这也使得其在展开本职工作的时候，很难对潜在的风险进行察觉。因此，应该进一步加强对相关实验人员风险知识水平的提升，从而使其风险防控意识不断趋于完善，要注意从每个岗位做起，从基础岗位入手，从而使得风险防控工作更加细致、全面。

　　由于笔者水平有限，撰写时间仓促，书中难免存在不妥和疏漏之处，恳请广大读者批评指正。

目 录

第一章　实验室质量安全研究

第一节　实验室安全质量监控体系

实验室安全质量监控体系的构建是管理实验室安全的基础和前提，是推进高校"双一流"建设的重要保障。本书通过剖析高校实验室安全质量监控体系中的主要问题，提出了从加强实验室硬件设施保障、健全安全管理制度、完善安全教育体系、引入优秀管理人才、提高技术防范能力、制定安全应急预案等方面，建设高校实验室安全质量监控体系的基本思路。

高校实验室是培养学生的动手操作能力、创新精神和科学研究素养的摇篮，在科学研究、培养高素质人才、服务社会等方面具有十分重要的作用。随着科研教育水平的不断提高，科研教育规模不断扩大，科研人员的流动程度不断增加，涉及危险化学品的品种和数量也在不断增加，极易酿成各类实验室安全事故，阻碍实验室的健康和谐发展。为了顺利开展实验室建设工作，确保教学及科研工作能够安全、高效、可持续运转，必须有一套相适应的安全质量监控体系。全面分析现行的实验室安全质量监控体系中存在的不足，建立一套适合本院发展的实验室安全质量监控体系，对建设和谐、平安的校园环境具有十分重要的意义。

一、高校实验室安全质量监控体系存在的不足

（一）资金投入不足

虽然教育部不断加大对全国高校的投资力度，但这些资金往往用来购置先进的实验仪器或引入先进的实验方法上，对建设本科生基础实验室及实验室安全质量监控体系的投入偏少。基础实验室整体规划不够合理，内部水、电、气线路不完全符合实验要求，必备的防护设施不齐全或者放置地点过于隐蔽不易操作，容易造成潜在的风险安全隐患。此外，对实验室安全管理工作的资金投入偏少，在一定程度上阻碍了实验室安全管理工作的进行。

（二）安全管理制度有待健全

目前，许多高校的实验室安全管理制度尚不健全，有的过于框架化，操作性较差，有的未能及时更新，不能很好地适应当前实验室建设快速发展的要求。实验室管理人员不能明确自身的工作内容，从而使安全管理制度流于形式，不能够落实到位。

（三）安全教育体系不够完善

安全教育能够提升人们的安全素养，是"安全第一，预防为主"的管理政策的具体实施方式，能够在很大程度上防止各类常见安全事故的发生。然而，在国内大部分高校，学生进入实验室前，仅仅宣读一下实验室安全管理条例，未能进行系统、严格的专业培训，导致学生的安全意识淡薄。

（四）缺乏专业化的管理人员

高校实验技术人员所学专业对口的比较少，许多人员并不是专业学习实验室管理工作的，入职以后，外出参加培训学习的机会又比较少，安全管理工作本身又比较繁杂，所以实验室的安全管理工作总体水平欠佳。受工资待遇、职称及传统观念的影响，人们会更加偏重于进入教师岗位，所以实验室很难留住高素质人才，严重阻碍了专业化实验室管理队伍的组建。

二、实验室安全质量监控体系的构建

（一）加强实验室硬件设施保障

进一步加大基础实验室建设的资金投入，综合考虑实验室客观条件、实验的危险程度、仪器的使用及安装要求，科学合理地安排实验室布局；严格按照实验室基础设施安装规范，铺设水、电、气等管线设施；为实验室配备防毒面具、灭火器、洗眼器、喷淋装置、报警装置、急救箱等安全防护设施，并定期进行检查，保证设备性能良好。

（二）健全安全管理制度

我校高度重视实验室安全管理制度建设，从"学校—学院—实验室"三个层面上出发，制定出具有前瞻性、科学性、规范性及可操作性的实验室安全管理规章制度，并实行实验室安全责任制。在制度实施的过程中责权分明，明确院系主管领导、实验室管理员、指导教师和学生的安全监管责任，并不断地调整岗位职责，通过签订责任书层层落实，尽量不留监管盲区和死角。

（三）完善安全教育体系

实验室安全质量监控体系建设的重中之重就是通过不断地加强安全教育宣传工作来强化全体人员的安全意识，使大家的思想观念从"要我安全"逐步转变为"我要安全"。要从实验室管理人员、指导教师和学生三个层面上开展安全教育工作。首先，要提高实验室管理人员对营造实验室安全环境的重视度，使其积极主动地参与到实验室安全质量监控体系的建设中来。其次，要加强对指导教师的安全教育，使其在指导实验的过程中能够注重并不断强化规范操作和安全防护技能。最后，要提高学生的安全意识，从新生入学开始就开展安全教育工作，进入实验室之前要进行安全准入制度的学习，考试合格后，方可进入实验室。通过组织安全知识有奖问卷、安全知识讲座、安全警示教育展等丰富多彩的活动普及实验室安全教育知识。

（四）引入优秀的管理人才

实验室安全管理工作的本质在于管理，需要专业的管理人员的参与。实验室安全质量监控体系的正常运行需要技术人员的维护，更需要专业的管理人员利用其管理技巧和专业知识提高该体系的运行效率。因此，要通过优秀管理人才的引入，来为安全质量监控体系的高效、快速运行保驾护航。

（五）提高技术防范能力

实验室安全管理工作，要遵循"安全第一，预防为先"的原则，力争做到"人防、制度防、技防"三防一体，切实提高技术防范的能力和水平。我校严格依照危险化学品储存和使用规定管理危险化学品；引进先进的信息化技术在实验室重要部位建立了门禁、视频监控和消防监控系统；为实验室配备了相对完善的实验室安全防护设施；定期进行消防演习、安全防护演习及疏散演习，强化了对学生安全防护技能的培训。

（六）制定安全应急预案

实验室安全管理工作的最好的状态就是能够做到"防患于未然"。为了能够在安全事故发生时有条不紊地开展应急、救援工作，最大程度上降低生命财产损失，就必须根据实际需要预先制定好实验室安全事故应急救援预案。我院已根据自身的学科类型、特点以及可能发生的实验室安全事故，制定了相应的实验室安全应急预案并进行了演练，今后还将继续对其进行改进和完善。

实验室安全管理工作比较繁杂又至关重要，不能有丝毫的疏忽懈怠。构建安全有效的实验室安全质量监控体系，不仅可以保障全体师生的生命安全和学校的财产安全，还可以为学校的全面发展和"双一流"建设保驾护航。实验室安全质量监控体系是一个复杂的动态系统，需要在相关部门工作人员的通力合作下，才能发挥出最大作用，为社会培养出更加优秀的人才。

第二节　CNAS 认可实验室质量安全风险管理

随着人们生活质量的提高和科学技术的进步，消费品的质量安全已经成为各个国家关注的焦点，很多国家都制定了相应的技术法规来确保本国消费品的质量安全。美国、欧盟等发达国家对消费品中有毒、有害物质的限量正在逐步降低，这就对公共检验检测机构的技术水平提出了更高的要求，检得出、检得快、检得准，并出具权威、公正、可信、准确的试验报告，必然要求公共检验检测机构进行严格、规范、科学的质量安全风险管理，以确保公共检验检测机构对实验室潜在的质量安全风险进行必要的规避和防控，从而实现公共检验检测机构的长远发展。中国合格评定国家认可委员会（CNAS）关于检验检测 / 校准实验室的认可准则（CNAS－CL01：2006）中，对预防措施有明确的要求，即对实验室要采取必要的风险识别、风险分析、风险评估、风险跟踪和监控等风险防控措施，从而实现有效的质量安全风险管理。目前，对实验室质量安全风险管理的研究比较少，多数是从宏观的角度进行的理论研究，缺乏从微观的层次进行深入的剖析和细化的实践研究，没有给出具体的实践指导和措施。本节阐述了作者对 CNAS 认可实验室质量安全风险管理的理解，主要从人员、仪器设备、物料、标准方法、环境设施、试验报告的审核六个方面，来深入分析实验室质量安全存在的潜在风险，从而为实验室制定预防措施提供帮助和建议，规避或减少实验室运行中的潜在风险，提升实验室的风险应对能力，助推实验室更好更快地发展。

一、概述

（一）质量安全风险管理的目的和意义

对于取得 CNAS 资质认可的实验室，出具的试验报告具有一定的国际认可度，被消费者更多地认为是产品质量安全保证的白皮书，为此，CNAS 认可实验室必须要对实验室的运行采取完善的质量安全风险管理措施，以确保试验数据的准确性，出具真实、可信、权威的试验报告。实验室进行风险管理，是为了对实验室潜在的质量安全风险进行规避和防控，降低实验室的风险发生率，提高实验室的管理水平、技术水准和客户满意度。实验室的质量安全风险无处不在，任何微小的差错都可能对实验室的知名度和权威性造成极大的负面影响，也可能会给客户带来无法估量的损失，因此，必须要以严谨的态度和科学的方法去预防已存的风险和识别潜在的风险，用预见性的眼光来构筑实验室质量安全风险防控体系，尽管风险不能降低到零，但是要尽可能识别出潜在的风险，采取有效的风险管理防控措施，制定科学、规范、严谨、有效的风险应急预案，从而确保实验室在良性的状态下健康运行。

（二）质量安全风险管理的程序

实验室风险管理者依据实验室发展的总体目标和长远规划，制定相应的政策和制度，明确相应岗位的职责，细化出每一个岗位的潜在风险，确定每一个岗位的风险防控措施，以便在确认风险发生时，立刻启动风险防控程序。一是风险识别，实验室风险管理者利用外部信息和内部资源识别风险源、影响范围、事件及其原因和潜在的后果等因素，梳理并生成一个覆盖各个岗位的风险点列表；二是风险分析，实验室风险管理者对每个风险点进行溯源剖析，预测发生的可能性，造成正负面的后果以及影响风险发生的可能性要素，甚至要考虑不同风险点之间的相关性和相互作用性。依据相应风险分析的信息和数据，初步了解各个岗位风险点的等级并明确主要风险点，进而对主要风险点进行定量分析，明确主要风险点的风险发生值和后果值，以此抓住主要风险点，保证实验室的风险点都在可控的范围内；三是风险评估，实验室风险管理者依据风险分析的结果，对各个岗位的风险点进行综合分析和比较，确定各个岗位风险点分别属于高、中、低三个风险等级中的哪一级别。同时，在风险评估中，尤其要关注新识别出的风险点；四是风险预防和控制。风险防控重在对风险的预防，消除引发风险发生的诱导因素，实验室风险管理者需要制定有效的预防措施，从而避免风险事故的发生；当风险不可避免地发生时，要有相应的风险控制措施，以阻止风险事态的继续恶化和尽可能减小利益相关方的损失。因此，实验室风险管理者在明确各个岗位的风险级别后，依据风险点的实际情况，分门别类地制定出相应的防控措施，既有应对具有共性风险点的统一措施，也有针对个性风险点的特殊措施，从而落实好对实验室质量安全风险的预防和控制；五是风险跟踪和监控。实验室风险管理者在确定了实验室的风险点和制定了相应的风险防控措施之后，就要制定对应的跟踪监控计划，依据计划，检查工作进度与计划的偏离，并不断充实和完善执行计划，保证风险防控措施的有效执行。

总之，实验室质量安全风险管理程序是个闭合循环的过程，其中的五个模块各有侧重，当识别出新的风险点时，就要启动上述程序，只有五个模块循环有序地运行，才能实现实验室对风险点防控的有效性和系统性。

二、质量安全风险点

实验室质量安全风险管理者应从风险源头的防控入手，对于实验室存在的潜在风险，可以从以下六个方面加强管理：

（一）人员方面

风险管理是需要全员参与的系统工程，它需要实验室全体人员能够积极参与到自身岗位风险点的识别、分析、跟踪和监控等工作中，并提供具有可行性的风险管理措施。从一定意义上说，实验室的质量安全在很大程度上取决于人的因素，尤其是检验检测人员，他们清楚实验室各种设施、设备的运行状况，试验易耗品的保存、使用，以及相关试验操作的技术要求等风险情况，但是缺乏相关的风险管理知识，来指导他们充分识别和规避这些风险，这就需要加强对实验室人员进行风险知识的宣贯，鼓励实验室人员结合自身岗位特点来进行风险点的防控，从每个岗位抓起，做细做足风险点的防控工作。

试验人员的基本素质：一是理论知识素质，试验人员要对自己所负责的项目有较好的理论掌握，包括试验原理、试验步骤、试验数据的记录和处理、误差分析、仪器设备的结构和性能指标要求、计量特性及试验的注意点等方面，这些方面都与试验项目的成功与否有着密切的联系，任何一方面的欠缺都可能导致试验风险事故的发生，因此，要求试验人员必须要加强理论知识的学习和提高，可以定期进行培训和考核，从理论上规避试验风险点；二是试验人员素质，实验室制定了相应的作业指导书和操作规程，试验人员要严格按照标准和仪器设备的操作规程开展试验，试验人员必须经过规范、科学的试验操作培训，考核合格后才可以上岗，进而保证从实践上规避或降低试验风险点。比如甲醛测定的显色步骤，在标准方法中要求在40℃的水浴中显色15min，取出后放置于暗处冷却至室温，实际操作时从显色开始就要避光，如在水浴锅上加盖或在棕色锥形瓶中显色，若试验人员没有按照标准规定做，就会导致甲醛测定结果出现偏差，出具的试验数据不准确，可能会给实验室和客户带来无法估量的损失。因此，实验室可以通过内部的试验比对，对试验人员的操作全过程进行考核，并指出操作不规范的风险点；也可以通过盲样检验检测和参加国内、国际的能力验证试验，不断规范和提高试验操作技能，将试验操作的风险降到最低点。

试验人员从事于最基础的检验检测工作，易于发现和控制检验检测过程中的相关风险点，这就要求试验人员能够将实验室的发展和自身的发展结合起来，切实承担起岗位职责，主动抗御外界和内心情绪的干扰，积极地将实验室的风险防控措施落到实处，踏踏实实地将工作做细做好。

（二）仪器设备方面

CNAS关于检验检测／校准实验室的认可准则CNAS—CL01：2006中对测量仪器设备提出了许多明确的要求，即仪器设备的性能必须符合检验检测／校准的规范，在投入使用前，必须经过具有资质的计量部门的专业人员的检定或校准，检定或校准合格后出具合格证书并授予唯一性计量标识，此后仪器设备才可以投入使用。同时，试验设备出现较大的故障经维修或改造后，仍需要送到有资质的校准机构重新校准。通过仪器设备的计量溯源，消除实验室仪器设备的计量风险点。

设备在两次检定和校准期之间，原则上认为其性能是稳定的，能够满足测定结果准确性和可靠性的要求，但是，部分使用频率高、性能不稳定、检定或校准周期长以及谱线漂移较大的设备在使用一段时间后，由于操作方法，外界条件突变等因素的影响，不能保证其检验检测数据的可信度，这就要求实验室质量体系文件中必须要有设备期间核查的程序文件。程序文件要包括期间核查的计划方案、每一台设备相应的核查方法和核查频率、详细的记录、数据分析和核查结论，必要时要有相应的纠正措施。针对每一台设备的期间核查，试验人员要识别出设备在使用和维护中存在的风险点，尤其要，加强设备性能指标风险点的防控，利用国家规定的检定/校准规程、标准试样法、内控样核查法、两台比对法、控制图核查法等方法，进行期间核查，切实通过设备期间核查规避和降低设备存在的风险。

试验过程中会用到很多的玻璃仪器，而玻璃仪器的交叉污染是一个非常重要的风险点，却常常被忽视。根据认可准则说明5.4.1的规定，实验室应制定玻璃仪器的清洗、烘干、晾干等相关操作规程，必要时可以配置一套专用的器皿，以避免可能的交叉污染。在玻璃仪器的操作规程中，明确何种类的玻璃仪器采用其对应的浸泡液和洗涤方法，比如光度分析用的比色皿不可用毛刷刷洗，通常将其浸泡在热的洗涤液中除污，滴定管、容量瓶等玻璃仪器清洗干净后，只能晾干或吹干，不能在烘箱中烘干。只有将玻璃仪器清洗干净，才不会将污染物传递下去，以免造成后续试验的交叉污染，杜绝形成连续的风险点，确保检验检测工作的顺利开展。

（三）物料方面

标准物质的购买、入库、领用。根据认可准则说明中的规定，购买标准物质时，应核查证书、标签等材料的信息，甚至可采用合适的检验检测方法对标准物质进行相应的质量验证，以保证其质量达到检验检测的要求。入库和领用时仍要核查标准物质的证书、外包装的标识、纯度、有效期等信息，并做好相应的记录，及时清理过期和失效的标准物质。

标准物质是试验数据的基准，只有配制的标准溶液准确、有效，测定结果才能可靠。根据认可准则说明中的规定，标准溶液和其他内部标准物质的制备、标定、验证必须要有详细的记录（包含配制原理、配制步骤、原液浓度、配制浓度、有效期、稀释倍数等），并贴上对应标签，能够说明溶液的基本信息。同时，根据认可准则说明中的规定，标准物质在使用期间要按照计划进行期间核查，可以采用标样定值、能力参数试验比率值 En 数等方法，对标准物质进行相应的期间核查，尽可能降低和规避标准物质在购买、入库、领用、配制等环节中的风险，着力识别存在的风险，采取对应的风险防控措施，从而保证试验数据的可靠性。无论是购买的化学试剂，还是实验室内部配制的试剂，都可能因放置时间过长、存贮条件不当等因素导致试剂的失效，比如在铬（Ⅵ）含量测定的试验中，当配制的显色剂溶液颜色发生变化后，显色剂就失效了。为此，要加强化学试剂的管理，及时梳理、查验、清理实验室的化学试剂，在试剂的购买、存贮、使用等环节做好风险防控工作，切实降低和规避潜在的风险点。试验中常用到一些塑料试剂管、刀具、手套、一次性针管等易耗品，这些易耗品中含有待测有害物，就会影响试验结果的准确性，使试验结果偏离样品的真实值。实验室在一次邻苯检验检测中得到的数据异常大，样品中邻苯含量严重超标，在复测中逐一排查所有风险点，发现试验中用到的一次性针管中含有超标的邻苯，及时对一次性针管进行了替换。国家标准对实验室用水有明确的规定，要严格按照标准规定制定相应的作业指导书，定期对实验室用水进行核查，并做好相应的记录，即根据认可准则说明 4.6.2 的规定，定期检查水净化系统的性能，以确定制备的水满足检验检测的要求。物料方面存在的潜在风险多且繁杂，受到很多外在因素的影响，对风险点的防控会有较大的难度，因此，在进行风险识别、风险防控等方面要搜集和整理足够的信息，在详细分析的基础上，制定出切实可行的风险防控措施，以客观、科学的态度，扎实做好风险防控任务。

（四）标准方法方面

首先采用客户要求的标准方法，若客户选择的标准不合适，实验室要与客户进行有效的沟通，进而满足客户的要求；实验室在立项检验检测前，根据认可准则说明的规定，必须进行方法的确认，确认通过后，方可进行检验检测，以保证出具的试验报告公正、可靠。

操作人员在试验过程中要严格按照试验步骤进行检验检测，比如人造板中含水率的测定，标准中明确要求前后相隔 6h 两次称量所得的含水率差小于 0.1% 即视为质量恒定。在操作中一定不可偏离标准，以免造成不必要的潜在风险。为此，实验室要不定期进行标准细节的跟踪监控，以确保试验操作满足标准的规定，降低和规避标准方法的风险点。实验室必须采用现行有效的标准对开展的所有项目进行检验检测，要及时对采用的国家和地区标准进行删除、更新和确认。总之，实验室要对采用的标准方法的适用性、操作规程以及试验数据的分析和处理等方面给予足够的重视，并制定相应的风险防控措施，从而确保标准方法的顺利实施。

（五）环境设施方面

温度、湿度、防震、防磁、防灰尘等环境条件都是导致测定结果出现偏差的潜在风险点，也是最易忽略的风险点，所以实验室一定要确保这些条件符合试验标准和设备使用的要求，否则，很可能会导致测定结果的偏差。

实验室应加强对水电、易燃易爆气体、有毒有害气体、强酸和强碱等风险点的日常检查和防控，安装通风装置和提供必要的防护设施，定期开展实验室安全知识培训，切实做好实验室的安全工作，这是实验室风险管理中最重要的环节之一。

（六）报告审核方面

试验报告经授权签字人审核签字后，才有效，因此，授权签字人要对所负责的项目有清楚地掌握，对整个项目开展的细节有清晰的认识和理解，并能够指导试验人员进行方法改进、新方法制定和确认等事宜，而且授权签字人经培训、考核合格后，才可上岗，同时，授权签字人也是风险点防控的重要负责人，对实验室的质量安全管理起着至关重要的作用。

实验室出具的报告经审核签字后，才可以送交给客户，授权签字人要对报告中的检验检测项目、客户要求、标准方法、抽样方式、试验步骤、数据处理及试验中对标准的偏离等方面进行仔细审核，审核通过后方可签字，使得实验室出具的检验检测报告可以准确、清晰和客观地呈现每一项检验检测或一系列的测定结果，并符合检验检测标准中规定的要求。总之，报告审核不仅是最后的风险点，也可以对在此之前的风险进行把关防控，这更体现出报告审核的关键性作用。

综上所述，实验室质量安全风险管理对于任何一个公共检验检测实验室都具有重要的作用，其重点在预防上，这是最经济也是最好的风险应对措施，即对实验室存在的风险进行有效的识别、分析、评价、预防、控制、跟踪和监控。因为实验室风险点涉及人员、物料、仪器设备、标准方法等多种因素，所以要逐一排查，细致分析，抓住主要风险、排除次要风险，确保实验室的质量安全风险管理有序且有效地开展。但是，风险会不断地发生变化，解决了旧的风险，会产生新的风险，所以实验室质量安全风险是个系统和持久工程，需要不断地总结，积极地探索，勇敢地创新，从而促使风险管理措施的落实、改进、完善和发挥效用。在风险管理的全过程中，管理人员要做好相应的沟通和记录，使得风险管理信息上下一致，形成相应的程序文件，并积极进行宣贯学习，从而提高实验室的质量管理水平，助推实验室健康、高效地运行，为经济的发展增添新的动力，为人民的消费安全撑起绿色的天空。

第三节　医学实验室质量与安全管理

医学实验室（以下简称"实验室"）"质量与安全管理"引自《三级综合医院评审标准》实施细则（2011年版），虽然 ISO15189：2007《医学实验室质量与能力专用要求》也涵盖实验室质量和安全的管理，但其提出的安全管理要求，仅为最主要和最基本的要求。质量是指一组固有特性满足要求的程度。质量在实验室指：检验结果与检验样本自身特性的符合程度。安全是指不受威胁，没有危险、危害、损伤。实验室安全的内容包括：按安全的对象可分为：工作人员安全、患者安全、环境安全；按照安全的性质可分为：生物安全、装备安全。质量与安全相辅相成，质量是安全的目标，安全是质量的保障。质量与安全管理的目的是持续改进。本节根据本实验室的工作经验及理解，阐述实验室质量与安全管理的内涵与实践。

一、实验室质量与安全管理的内涵

质量管理的内涵实验室质量管理分为三个阶段：分析前、分析中、分析后。认真分析、研究影响这三个阶段质量的各个因素，并使各环节、各因素处于受控状态，确保检验质量不断提高。随着《医疗机构实验室管理办法》的颁布实施和等级医院评审的铺开，实验室质量管理需要做足哪些工作，是实验室管理者和工作人员面临的难点。室内质控能较好地反应分析中的问题，目前实验室在分析中阶段的质量管理做得较好。由于分析前和分析后的检验质量的影响因素比较复杂，涉及面比较广，单靠实验室的努力是不够的，只有实验室质量控制与医院质量管理有机结合才能使医院的医疗质量得到全面的提高。

建立质量管理体系建立实验室质量管理体系，一是明确实验室内部组织机构及其权利与职责；二是建立并完善质量管理体系文件。内部结构应明确各专业组之间的关系，质量体系管理文件应涵盖实验室所有的流程和服务过程，从而使实验室的管理有章可循。目前 ISO15189 质量管理体系是实验室发展的趋势，也对检验医学学科的发展具有重要意义。ISO15189 是当前指导实验室建立和完善先进质量管理体系的最适用标准，是一套详细规定和完善执行的过程。如果条件允许，实验室应尽力通过中国合格评定国家认可委员会（CNAS）的 ISO15189 医学实验室认可，如果条件不允许，实验室也应按照 ISO15189 的条款建立和完善相应的质量管理体系。

（一）检验质量全程管理

（1）实验室的质量管理涵盖三个方面：分析前、中、后的质量控制。实验室管理层应了解和掌握整个检验过程的各个环节及各影响因素。如影响分析前检验质量的因素，医生方面：对检验项目的检验目的、敏感性、特异性、检验结果影响因素的了解与实施程度；护士方面：对标本采集相关要求的了解与实施程度；护工方面：对标本运送相关要求的了解与实施程度；患者方面：标本采集要求的知晓与执行力度和配合护士采集标本的程度。影响分析中检验质量的因素：仪器的性能、试剂及相关耗材的质量、人员素质、室内质控、质量目标的设定、方法学的比对、复检规则的制定、能力验证/室间质评等。影响分析后检验质量的因素：审核制度及复查规则的制定、检验人员素质、危急值项目的设定、临床沟通、标本的保存与处理等。

（2）除掌握影响检验质量的各个因素外，实验室管理层应通过适当的方法和措施使这些影响因素处于受控状态，并且将此过程纳入日常工作中。如分析前因素受控的措施可有：通过 LIS 与 HIS 的无缝链接，在医生选择检验项目时可获取该项目的目的、敏感性、特异性、检验结果影响因素；与护理部共同编写检验标本采集手册，可供护士方便使用，也可通过 LIS 与护士工作站的链接，在护士执行医嘱时可获取标本采集的相关要求；通过医院管理部门的协调，做好与护工管理者的沟通交流，加强对护工在运送标本相关要求的培训和考核，并定期追踪评估；护士还须做好对患者的告知工作。分析中因素受控的措施可有：认真执行室内质控和能力验证 / 室间质评程序；规范外部服务与供应的选择和评估流程，确保实验室能持续选择并使用合格供应商的产品和得到及时可靠的服务保证；对于检验检测系统，应按制造商的要求做好维护、保养、校准、方法学比对等工作，并确保满足相关的要求；对于人员，应完善各级别员工的培养、培训和考核机制，确保员工能胜任相应岗位的业务。分析后因素受控的措施可有：严格执行报告双审核制度；根据本实验室实际情况，制定相应的复检程序；加强人员对检验项目临床意义的掌握；完善 LIS，使其对危急值有自动提示功能；完善医院内部网络，为医院各部门与实验室搭建良好的沟通桥梁；完善标本的保存程序，确保易现性和安全性。

（3）实验室的质量监督，是质量保证的重要组成部分和重要手段。没有监督管理，多数质量控制活动倾向于流于形式；没有监督管理，管理层难以识别质量管理体系中存在或潜在的质量安全隐患。目前实验室监督的形式有：外部监督和内部监督。外部监督含国家机构监督和医院的监督，如 CNAS 的现场评审、医院等级复审、医院质量管理部门的监督等；内部监督含日监督、月监督和内部审核。日常监督和月监督由实验室监督人员执行。监督人员一般由科室推荐、质量负责人审查、培训和考核后以文件形式聘任。在监督活动中监督者要选择、识别质量环节的重点、难点、疑点、把握易错环节，全面监视、重点控制，使各环节符合质量控制要求。内部审核是根据 ISO15189 要求对质量管理体系的所有管理及技术要素进行每年至少一次的内部审查，以证实体系运行符合 ISO15189 的要求。监督的执行应明确监督的内容和指标，如分析前监控指标有：不合格标本率、标本遗失份数、标本未按时送检数等。分析中监控的指标有：室内质控、室间质评、供应商评价、各检验检测系统的维护、保养、校准及性能验证的及时率及其之间的方法学比对、新员工或轮岗员工培训及考核的执行力等；分析后监控的指标有：复检规则的执行力、结果审核的差错率、报告发出及时率、危急值报告及时率、临床满意度、标本检验后的处理措施等。重视监督和内审的整改和追踪，对于监督和内审中发现的问题应及时采取纠正措施，并进行原因分析、影响范围分析，纠正措施和整改追踪。对于监督中潜在的隐患，质量管理层须进行预防措施，注重预防措施启动和控制。通过各形式的监督，可持续改进实验室的质量管理。

（二）安全管理的内涵

实验室安全的分类按安全的对象可分为（1）患者安全：可靠的检验结果是确保患者安全的重要因素之一；（2）工作人员安全：一切检验活动须在确保工作人员安全的前提下进行，如配备符合 BSL－2 实验室的设备和设施（如门禁系统、生物安全柜、洗眼器、冲淋装置），提供并方便工作人员获取的应急处理程序（如职业暴露、火灾、危险化学品伤害）和流程，进行安全培训和演练并确保效果；（3）环境安全：实验室在完善实验室内部安全管理的同时，还须关注是否对周围的环境造成不良影响，加强消毒管理，确保实验室废弃物、废水的处理符合相关要求，另外建立微生物菌种的管理规定和流程，避免遭非法利用。按照安全的性质可分为：（1）生物安全：强化工作人员和管理人员生物安全意识，建立规范化和日常化安全管理体系，加强人员培训、配备必要的物理、生物防护设备。（2）装备安全（火源安全、用电安全、网络安全、仪器设备安全）：建立火电、网络、仪器设备使用维护程序和流程，定期巡查，一切活动均有记录查证。

实验室应成立安全管理小组，由实验室负责人与具备资质的人员组成，组成人员应覆盖实验室的各个部门。遵照 BSL-2 实验室的要求尽量配备相应的设备和设施。制定实验室安全管理制度、流程、应急处理措施，严格规定各个实验室场所、各工作流程及不同工作性质人员的安全准则。开展安全制度和流程管理培训和考核。严格执行安全规程，定期进行安全检查，定期研究安全管理，定期为实验室工作人员提供体检，保障实验室和工作人员安全。

二、实验室质量与安全管理实践

在质量管理方面的实践经过两年的准备，本实验室 2012 年初通过 CNAS 的实验室认可。2012 年医院在迎接三甲复评的同时，成立了质量与安全管理委员会，统一领导和协调医院各相关委员会（如医疗质量与安全管理委员会（负责领导和协调临床、医技科室的质量与安全管理）、医院感染管理委员会、输血管理委员会、护理质量管理委员会等）的工作。医院质量与安全管理委员会每年召开会议不少于 2 次，协调各管理委员会的工作，研究、制定提高医院质量和安全管理目标及计划。本实验室将 ISO15189 实验室管理体系与医院质量与安全管理体系紧密结合，在管理上有了长足的进步。实验室形成了以实验室负责人、质量负责人、技术负责人及各专业组组长组成的专职管理队伍，形成自下而上的管理模式，即组长依据实验室管理体系文件的要求对本组的执行情况进行监督,每月定期向质量负责人和技术负责人报告,质量负责人管理内容包含ISO15189的15个管理要素,而技术负责人管理内容包含ISO15189的8个技术要素。质量负责人和技术负责人除认真审阅各组递交的监督报告,还负责抽查相关领域的运行情况。质量负责人和技术负责人定期将上月质量体系运行情况交由实验室负责人审阅和批示。

在安全管理方面的实践,本实验室根据ISO15189 5.2要素及ISO15190的要求建立的实验室安全管理文件,及实验室安全手册,手册的内容包含水、电、火源、易燃易爆、网络、职业暴露的预防和处理、检验标本的无害化处理等的管理措施和程序。设置安全主管,按照安全体系的要求,每月不定期对安全方面的内容进行风险评估,对不符合安全体系要求的人、事、物采取纠正措施。同样,安全主管定期将上月安全体系运行情况交由实验室负责人审阅和批示。

召开质量与安全管理会议实验室质量负责人、技术负责人、安全主管,其负责的内容基本涵盖了质量与安全管理的内容。每月将上月质量与安全管理体系的运行情况及上个月存在问题的整改情况向实验室负责人进行通报,即召开质量与安全管理会议。参加的人员有实验室负责人、实验室全体成员、医院相关职能部门(如感染管理科、医务科、科教科、保卫科、设备科、质控科等)人员。医院相关职能部门人员的参与,有利于实验室外部质量控制的提高。目前本实验室每月的质量与安全管理模式即为每一个小的PDCA循环,且实验室负责人的高度重视及三大主管的责任心,持续改进实验室的管理水平和技术能力。另外,实验室质量与安全管理会议的所有记录和材料上报医院质量与安全管理委员会审阅。

三、实施质量与安全管理须注意的几个问题

实验室负责人应十分注重质量与安全管理实验室负责人能否审时度势,把握和抓住环境的变化,抓住机遇,有胆略地进行各种决策,是实验室质量与安全管理的最重要的因素。

认真解读实验室相关管理文件的条款目前实验室质量与安全管理的依据的文件有:《医学实验室质量与能力认可准则》及其在各检验领域的应用说明、《医疗机构实验室管理办法》、《临床检验操作规程》、国家标准(如GB / T 22576-2008 / ISO15189:2007)、行业标准(如YYT 0658-2008《中华人民共和国医药行业标准》一半自动凝血分析仪;YYT0659 — 2008《中华人民共和国医药行业标准》—全自动血凝分析仪;YY 0475 — 2004尿液化学分析仪通用技术条件;5.5.YY — T 0653 — 2008血液分析仪;等)、中华人民共和国国家计量检定规程(如JJG __ 861 — 2007酶标分析仪检定规程;JJG 714 — 2012血细胞分析仪检定规程;JJG 646 — 2006移液器检定

规程；等）、CAP checklist 等。首先是管理者及质量与安全管理小组相关成员必须认真解读相关文件的要求，转化为本实验室质量与安全管理体系文件，如《质量手册》、《程序文件》、各专业领域标准操作规程、质量与安全管理记录表格。

提高所有员工的积极性和执行力实验室的工作性质就是"侦察兵"的作用，实验室管理层应让自己的员工真正体会到自己是医院和部门的主人，从而确保工作人员发挥主观能动性，为实验室的发展出谋献策。目前实验室的人员有三类，分别为管理型、临床（技术）型、科研型。目前管理型和科研型相对临床（技术）型人员的主观能动性较好，因为易识别自己在部门的价值，临床（技术）型人员每天重复的工作，感觉不到自己的价值和找不到未来发展的方向，易于在工作中表现出得过且过和冷漠、敷衍。实验室的临床（技术）型人员占绝大多数，如何发挥实验室每个员工的主观能动性是实验室发展新的挑战。

克服困难并加强自身能力，争取医院和临床科室的信任和支持实验室管理的过程会遇到各种困难，如设施、环境、医院条件的限制，作为管理层，不应就此停步，应积极探索解决问题的办法。实验室的全程质量控制不是由实验室独立完成的，这需要临床医生、护士、信息部门、职能部门等的共同协作。任何信任和支持来源于自身的努力和争取。实验室地位在很多医院在临床科室之下，很多实验室管理也安于现状，不发展不争取。实验室首先将内部的质量控制做好，如建立完善的质量管理体系、检验系统符合相关的性能要求、人员技术能力的保证等，条件允许时争取通过 ISO15189 实验室认可。对质量与安全管理实施中遇到的各种困难与问题，向相关科室，如医务部、护理部反馈，如若问题仍未得到解决，可提交医院质量与安全管理部门，争取医院支持和相关科室的信任和协作，在不断解决困难和问题的过程中，实验室质量与安全管理得到持续改进。

第四节　食品安全实验室中质量管理

近年，食品安全备受社会各界及媒体关注。食品检验工作性质、特点，决定了这项工作要求严格，应关注食品检验机构实验室管理工作，采用专业技术手段和方法，将质量管理工作落实到位，使实验室管理水平、检验检测能力不断提高，确保检验检测机构质量管理工作更加完善，使各类产品检验结果准确，食品质量达标。

在食品检验机构内部，实验室管理工作非常关键。究其原因，质量管理直接关乎食品安全检验检测结果是否科学、准确。这项工作非常有助于增强检验检测人员的质量控制意识，对实验室质量管理工作加以改善，为后续食品安全检验检测及实验室内部质量管理提供保障。

一、关注质量管理工作

当前，尚有部分食品检验检测机构、质量检验检测人员在食品质量安全管理工作中，没有认识到质量管理工作重要性，对这项工作缺乏重视。在日常工作实践中，要提高对这项工作的关注度，通过激励，把食品安全检验检测人员的工作热情和责任意识激发出来，为食品检验工作提供质量保证。除此之外，还要关注实验室管理工作，使检验检测人员的食品安全及质量管理意识得到明显增强，科学执行食品安全操作规范及相关检验检测流程，确保质量管理满足食品检验检测机构实验室管理工作要求。

二、完善实验室质量管理机制

对于食品检验检测机构来说，实验室管理工作不容忽略，直接关乎食品质量及安全管理工作效果。这一过程中，应依据食品检验工作性质、内容，将完整的质量管理体系确定下来，还要结合实验室管理工作要求，对各类型人员进行灵活配备，采用科学的方法，全面监测管理实验室环境。具体实施方法如下：

构建完整的质量管理体系。在食品检验机构内部，对实验室管理提出了较严格的要求。该背景下，要依据食品质量管理及安全检验检测工作特点、要求，把与之相对应的评审准则确定下来，使各类质量管理体系更加科学、完整、有效。管理体系科学与否直接关乎食品管理工作质量及效率。依据食品检验机构实验室管理工作内容，制定相应的规章制度，使各环节工作流程更加规范，达到良好的质量管理效果。实际操作过程中，为使该体系更加完整，还要对各类工作要求、内容加以细化，在各环节、节点安排专业管理人员，依据检验机构工作性质，对检验工作进行综合考量和评估，以免其过度形式化。同时，还要明确这项工作中的各类责任，将其落实到个人，保障系统有序运行。

关注人员配置。食品检验机构实验室管理工作中，质量管理也受人员配置影响，能够使这项工作效率得到明显提高。与此同时，还要依据实际情况，对该项工作职责加以明确，督促食品质量及安全检验检测工作的有序开展。这一过程中，既要讲求分工合理，还要尽量避免出现重复交叉工作情况，依据既定工作性质、内容、标准，执行有效的操作，以免混淆职责，把工作失误降到最低，使食品安全检验检测工作质量得到明显提升。

全面监测管理实验室环境。在食品安全实验室质量管理工作中，应保证实验室基础设施完善，环境整洁，确保食品安全检验方法准确，仪器设备能够正常运转，各类技术档案保存完整，按标准制备、贮存样品。注重实验室环境、设施监控及日常维护，记录温湿度。倘若这些机械设备与相关技术标准不符合，应第一时间剔除，既要保证仪器处于稳定可控状态，还要使检验检测工作更加科学、精细、准确。

三、重视食品检验过程质量控制

科学管理检验样品。一直以来，质量管理都是食品检验机构实验室管理工作中的重点内容，为后期各类检验工作奠定了良好基础。完成样品收集工作后，在实验室内，对其进行标识和管理，以免其与其他样品混淆，导致检验检测结果不准确。除此之外，还要采取专业方法，对相关样品实施登记管理，及时备份，以免发生丢失样品的情况。无论在实验室检验工作之前，还是检验之后，都要安排专业技术人员处理样品，为样品检验工作奠定良好基础，使这项工作能够顺利开展和进行。

优选最佳检验检测方法。在实验室工作中，关注食品检验过程质量控制，优选相关检验检测方法，保证检验检测结果准确。近年，各类新型食品检验技术层出不穷，相关技术也取得了持续进步，该过程中涉及的检验方法数量、类型比较多，这种情况导致选择难度明显增加。针对上述情况，要科学、谨慎开展检验工作，依据样品内容、类别、特性，对各类检验检测方法进行优选，配备合适的检验检测设备、仪器，营造良好的实验室环境，使食品检验及质量管理过程更加标准、规范，增强检验检测结果准确性，使各类数据更加精确。

注重检验检测人员素质培养。食品检验工作相对比较专业，对实验室管理提出了较高要求。为使这项工作能够顺利开展，应时刻关注食品质量管理工作，使检验检测人员专业素质、职业道德修养不断提高。每隔一段时间，食品检验机构还要对相关检验检测人员进行培训，使之具备较高的专业素质，鼓励其学习、掌握先进的食品检验技术及质量管理方法，并在实际工作中灵活运用，从根本上提高食品检验检测机构实验室质量管理。

合理控制仪器设备。食品检验中会用到各类仪器设备，这些设备应在计量检定有效期内，如果超出有效期，需要定期校准、计量检定，做好记录工作。建立仪器设备维护台账，保存维修、使用记录，便于后期核查，始终保证各类仪器设备校准状态良好，并对标准物质的安全处置、运输、存储和使用过程进行记录。当校准因子产生新的修正因子时，借助原修正因子进行更新。当仪器设备发生故障时，立刻停止试验，直至检查校准后，再次使用。

有效改善工作环境。食品质量管理工作受实验室环境影响。开展食品安全检验工作之前，要查看相关工作环境和设施是否达到检验标准，是否满足样品配置标准。倘若其与实验标准存在偏差，在第一时间调整。实验操作中，还要依据相关规范，将各类记录工作落实到位，一旦发现实验环境与要求不符，或者存在异常，立刻将实验过程中断，以便于得到更加精准的实验结果。

落实检验记录工作。在食品检验机构实验室管理工作中，既要认识到各类检验检测数据的重要性，还要记录下来，得出更加准确的检验结果。该背景下，检验机构应依据实验过程、内容、要求，把数据记录方案确定下来，并对记录类别加以设置，使记录工作更加规范，确保相关数据信息更加完整，且实用性强。结束相关实验后，还要归结整理各类数据，依次备份、保存，严格把控该过程，以免数据流失。

总之，质量管理在食品检验机构实验室管理工作中非常关键。检验检测人员应依据实验室管理工作内容及要求，提高对质量管理工作的关注度，从质量管理体系构建、人员配置及实验室环境监测方面，对实验室质量管理机制加以完善。同时，科学管理检验样品、优选检验检测方法，关注人员素质培养，兼顾实验室环境改善，落实检验记录工作，为食品安全提供保障。

第五节　水产品质量安全检验检测实验室样品管理

伴随我国经济的发展，老百姓的生活质量逐步提升，对蛋白含量高、脂肪含量低的水产品消耗量越来越大，因此水产品的质量安全也渐渐引起了我国科研工作者的关注。做好水产品质量安全检验检测工作，首先要保证所检验检测的样品真实、可靠且具有代表性。本节从样品的接收、标识、流转、存储、余样及留样管理、处理等方面进行介绍。

一、水产品样品管理的目的

水产品样品管理是否得当，直接影响检验检测结果的真实、有效性。鱼虾蟹等水产品样品状态、制备前处理、保管等方面都直接影响检验检测结果的不确定度。《实验室资质认定评审准则》中也对样品管理做出了很多硬性的技术要求。水产品质量安全检验检测实验室自身质量体系文件中《质量手册》《程序文件》《作业指导书》也对样品管理进行相应的规定，样品管理应达到满足样品完整性、真实性、有效性、可追溯性的目的。

二、水产品样品流转管理程序

水产品样品的流转管理方法，主要包含样品接收程序、标识程序、流转程序、保存及处理程序等。

（一）水产品样品的接收程序

水产品质量安全检验检测的样品，主要为日常监督抽检的样品和委托检验的样品，样品管理员接收样品需要按照接收程序，对样品外观、数量、状态等进行验收，查看水产品样品是否符合检验标准要求、是否存在影响检验检测结果准确性的因素等，如发现待接收样品与抽样单不符，应及时退回。同时对水产品样品的完整性、状态特征进行详细的记录。如样品不符合检验标准要求，应拒绝接收，核查样品符合要求后，与委托方商议检验检测方法、仪器信息等，达成一致后，签订委托检验书，将水产品样品分成 3 份，交由一份为检验检测样品、一份为留样、一份交由委托方分别管理。

（二）水产品样品唯一性标识程序

水产品样品接收后，应对样品进行统一编号，并确保编号的唯一性。水产品样品标识应清晰的放置在醒目且不妨碍检验的位置，除样品编号外，样品标识还应包括样品名称、状态等。

（三）水产品样品的流转程序

水产品样品经统一登记并粘贴唯一性标识后，由样品保管员接收保管，交接样品流程卡，检验检测人员凭流程卡验收水产品样品。水产品检验检测人员检验检测前，应对样品信息进行核查，在制备、检验检测等过程中需对样品唯一性标识进行登记，以免发生混淆。完成样品检验检测后，应将样品转交给样品保管员统一保管。

（四）水产品样品的保管程序

水产品检验检测样品应按照其种类、特性、检验检测项目、检验检测状态分类存放。检验检测状态通常分为待检区、在检区、检由区、留样区。种类包括鱼、虾、蟹等。按特性存储温度包括 4℃和 -20℃。样品存储环境应保证样品无交叉污染、无变质腐蚀等现象，且安全、干燥、通风同时记录储存环境温湿度条件的变化。有的样品对保存条件有特殊要求的，按照检验标准进行保管。保管环境应加装温湿度测定仪，及时观察并记录。样品留样也应按检验检测标准要求包管，留备复检。

（五）余样、留样保管程序

检验检测人员检验过程中的余样，按照检验标准的要求保管，在检验检测完成后移交业务室处理。如检验结果为不合格，技术负责人认为需要对留样复检时，需要检验检测实验室申请调用留样。如果检验检测结果处于边缘结果或检验不合格，但是未调用留样的，应将余样移交至样品管理员，与相应的留样共同保管。业务室应安排留样保管人员，负责留样的各项管理工作，留样应根据样品性质，存储在相应的环境中，同时记录储存环境温、湿度条件的变化。

（六）余样、留样处理程序

鱼、虾、蟹等水产品易腐败变质，种类不同，保质期也不同。保质期满后，应根据相应的规定对样品进行处理，避免处理不当对实验室造成二次污染。留样保留期满后，样品管理员应提出余样或留样的处理申请，经相关上级负责人签字同意后，对余样、留样进行处理。处理方式有:（1）送检单位凭借相关单据、合同、协议等，将余样、留样样品取回;（2）交第三方废弃物处理单位销毁，样品保管员做好处理记录和记录保存工作。

三、水产品样品管理注意事项

（1）鱼虾蟹等水产品样品的接收，送检、接收人员应检查样品的状态，外观、数量是否符合标准等。如果样品是封装方式，应核查外包装是否完整无损坏，如特殊情况需备注，则应详细记录说明。

（2）各项记录要保存好，如样品检验合同、样品登记记录及样品管理的每个流转环节的记录，已达到有效追溯的目的。

（3）样品的唯一性标识，样品的唯一性标识，应根据样品的流转过程，进行相应的处理，避免样品混淆。

（4）样品的放置位置同样非常重要，由于不同样品性质不同，存储条件也不相同，应避免由于存储保管不当，造成样品状态发生变化，干扰检验检测的准确性。

水产品检验检测实验室的样品管理工作是一项系统的工作，确保接收鱼虾蟹等水产品样品符合相应的检验检测标准后，样品应具有稳定性。这样，才能使检验检测结果准确可靠真实有效，同时样品状态、样品的制备、存储等环节均为评定测量检验检测结果不确定度所需考虑的因素，使不确定度更为准确。

水产品质量安全工程是一件民生工程，关系到人民的饮食安全！所以水产品检验检测工作是一项长期而又艰辛的任务。民以食为天，为了保障人民群众能够吃上放心的肉、蛋、奶，我们检验检测工作者应细之又细，将检验检测工作圆满完成。

第六节　理化实验室的安全管理及质量控制

一、理化实验室安全管理及质量控制中面临的问题

（一）安全管理制度不具体不明确

一般理化实验室会有相关的安全管理制度，但是大多管理制度比较的老旧，没有

跟上现代时代的发展，相关的规定没有更新，所以整体上内容很多地方都不具体不明确。比如很多职能部门的工作都会出现无法衔接的情况，还有一些部门的职能出现相互的重叠，而一些职能却没有部门来进行承担出现盲区。其中，对于安全责任主体的描述更是不明确，也就无法将安全责任主体细化落实，导致工作互相推诿，部门协调不足的情况。这样就会导致当出现具体的安全问题的时候，没有部门或者人员能够针对问题及时的做出相应的反应，一些小问题没能够及时反应，而造成大的安全事故。

（二）安全管理体系不完善

大多数的理化实验室都没有形成完善的安全管理体系，缺少一些相应的安全管理规章制度，未对规章制度进行及时的修订，多领域缺失管理制度等情况。如果不能形成一个完善的安全管理体系，在日常工作中就会出现制度基础缺乏的问题，也就无法正确快速的执行相关的操作，最后到至监管也进一步缺失。而且最后出现安全问题的追责，也会不知道落向谁，从而彻底丢失了安全管理。工作人员也无法对安全管理加强关注度，出现一些安全思想松懈的问题。

（三）设备管理不足

许多理化试验都很久没有进行设备的更新，本身实验室的基础建设也年代久远，其中有些还出现线路老化、房屋漏水等问题，而且安全通道往往都没有达到现在消防的要求。一些企业对于房间的分配使用也不足，没有安排足够的实验室，导致实验室长期属于人流量巨大的状态，相关的设施的维护又不足，所以带来设备老化程度快，以及设备彼此间安全距离不足等等问题。有些企业对于危化品的管理也严重不足，对于使用的化学品没有及时进行回收处理，让化学用剂到处随意摆放，产生严重的安全隐患。有些实验室可能没有按照实验室的要求来建设，而是随便选取的一些房间，整体的通风、电源、排污以及隔离等都达不到要求，这也会导致一些事故的发生。

二、理化实验室的安全管理及质量控制方式

（一）理化实验室安全管理方式

1.规范健全安全管理

理化实验室应该进一步加强安全管理，采用规范化和标准化的安全管理，完善及安全相应的安全管理体系。在出台安全管理制度的时候，应该细化相关的操作细则，将所有指导性和操作性的内容进行全面的落实，让制度的执行力变得更加实际可行。规范的安全管理中有更加符合要求的实际操作细则，可以对相关的管理人员进行专业的指导，这样无论是哪个人员来进行管理都可以采用同一套完整的制度，按照里面的管理方法来进行管理，不再依靠管理人员的个人经验和个人专业程度。建立健全标准

化的实验室管理体系和评价体系，运用科学的体系来将检查点进一步的细化列出，形成一套具体的、可执行的管理方法。

2. 规范化学药剂的管理

很多实验室内的安全事故都是由于化学药剂的乱放和未管理导致的，所以要加强实验室的安全管理，就一定要将所有的化学药剂进行全面的管理。对所有化学药剂都应该严格的管理，统一的进行存放，在实验取用的时候应该有相关的审批痕迹，使用后应该及时的归还原位，从审批上能够追责到使用人，对于未归还的药剂要进行追溯。严禁往下水口或者垃圾桶中，倾倒化学药剂，以免造成环境的污染。对于使用过化学药剂的台面或者相关的容器，都需要进行清洗，去除相关的化学药剂残留，保证实验室的人员的安全。按照严格的要求进行实验品的排放，需对一些有毒的药剂进行无害化处理。

（二）理化实验室的质量控制方式

1. 加强实验室的基础设施建设

对于一些老旧的实验室应该重新鉴定它的标准性，对于不符合的应该及时地进行弃置，并对一些普通房间改实验室的情况进行制止。选择具有相应条件的实验室是提高理化实验室整体安全的基础，同时也要及时地对实验室内的设备进行更新，让实验室中的设备能够始终保持最新，注意相关设施的养护和管理，让实验室能够保持在一个良好的运行状态。做好设备仪器的保养记录，定期对于相关仪器进行检验检测，了解每个仪器的相关状态，对于出现问题的仪器，应该及时进行调试或者更换。

2. 采用合理的理化实验室检验检测方法

采用合理的理化实验室检验检测方法，提高理化实验室的检验检测质量，加强理化实验室的检验检测质量，这样就能够进一步的提高理化实验室的质量。制定科学的检验检测方法，根据不同的物品来采用不同的检验检测方法，采用科学的数据记录和数据统计，通过数据分析来得出更好的监测方案，进一步优化理化实验室的检验检测方法。

理化实验室适用于科学研究，能够让更多人在实验室中获得更多的专业知识，推动社会的科学事业发展，为了促进理化实验室更好的稳定运行和发挥相应的功能，就需要保证理化实验室的安全，采用更好、更严格的管理方式来保证理化实验室的安全稳定，进一步加强理化实验室对于社会的促进作用，推动科学社会的发展。

第二章 化学实验室管理

第一节 化学实验室管理的几个问题

实验室是国家科技创新体系的重要组成部分，在高校的学科建设、实验教学、科研和人才培养中发挥着越来越重要的作用。化学实验室是化学专业相关的师生进行教学、学习和科研的场所，在培养学生的动手操作能力和实践能力以及提高学生整体素质方面发挥着重要作用，是体现化学学科建设、教学管理和科研水平的重要标志，因此，必须加强化学实验室的管理。该文针对化学实验室管理中存在的主要问题，并结合化学学科特点，提出了关于化学实验室建设和管理方面的几点建议。

实验室是国家科技创新体系的重要组成部分，在高校的学科建设、实验教学、科研和人才培养中发挥着越来越重要的作用。化学实验室是化学专业相关的师生进行教学、学习和科研的场所，是体现化学学科建设、教学管理和科研水平的重要标志。随着我国高等教育改革的深入，教学和科研对仪器设备的依赖和要求越来越高，学校对仪器设备的投入也不断增加、不断更新，化学实验室日趋现代化。因此，化学实验室的管理面临许多新的问题和挑战，必须加强化学实验室的相关管理，才能不影响教学质量和科研水平的提高。

一、加强化学实验室管理队伍建设

化学实验中会涉及很多实验药品和仪器，甚至会涉及一些易挥发、有毒药品，如果在实验过程中操作不当不仅会损坏仪器甚至会发生危险。因此，对实验室管理人员的专业知识和技能以及责任心要求很高，必须高度重视实验技术队伍的建设。

遴选人才，建立优秀实验室管理队伍。在招聘实验室管理人员时，要进行科学的论证和考核，确保选出优秀的实验室管理人才，从源头抓好实验室管理人员素质。同时，还可以出台一些激励措施，引进一些高学历、高水平的专业技术人员和一些学科带头技术人员，以点带面，全面提高实验室管理人员的整体水平。

注重培训，提高实验室管理人员素质。可以通过组织实验室管理人员参加专业的实验技能专项培训，使其知识结构与专业能力得到提高，适应实验室发展要求。同时，可以积极开展实验技能比赛，通过比赛，实验室管理人员能知道自己的不足，也能向优秀的同事学习，大家一起进步，实验室管理人员素质总体提升。

加强考核，健全实验室管理人员管理机制。实验室应根据不同岗位、不同工作性质制定相应的考核制度。通过考核，加强对各实验管理人员的了解和管理，同时，建立相应的奖惩机制，既激励了高水平的业务骨干，也提高了用人效益。

二、加强仪器设备的管理

近年来，由于学校对仪器设备投入的不断增加，化学实验室的仪器设备越来越多，如何使这些仪器设备得到充分的使用迫在眉睫。因此，必须加强仪器设备的管理，提高仪器设备的使用效益。

建立开放性实验室。首先，开放性实验室要有专门的场地和负责的老师，确保工作日都能对学生开放并有专业老师进行指导；其次，开放性实验室要建立预约系统，可以通过电话或者网上预约，方便统筹管理，避免资源浪费；再次，丰富开放性实验内容，可以是实验老师指定的一些设计性或综合性的开放实验，也可以是学生自主申请的开放性实验内容，根据每个学生的能力和需求，因材施教，提高他们的兴趣，让更多的学生都参与进来，充分利用实验室的仪器设备。

建立大型仪器共享体系。首先，大型仪器需由专人负责，同时，大型仪器设备开放共享，要与实验室队伍建设有机结合起来，实验技术的研究与探索、设备的功能开发与利用都需要有高素质的实验技术人员，这样才能保证大型仪器设备开放共享能够长期进行下去；其次，建立大型仪器设备资源数据库信息管理系统等组成的网络信息平台，让老师和学生在网上就能清楚的了解仪器设备参数和仪器设备操作，实现在线服务、网上管理；再次，由于学校里很多老师和学生对大型仪器不是很了解，因此需组织开展大型仪器系列讲座和培训，邀请全校老师和学生参加，让他们更加了解化学实验室的大型仪器，以便更好地为他们服务，从而充分利用这些大型仪器。

设立项目开放基金。以实验室的仪器设备为基础，设立一些创新实验项目开放基金，鼓励一些没有科研经费的年轻教师和学生进行创新性实验，获得开放基金支持的老师和学生可以免费使用实验室的耗材、试剂以及仪器设备，这样充分调动老师和学生的积极性，充分利用实验室的仪器设备。

三、加强实验室安全管理工作

化学实验室的工作与化学试剂和仪器接触较多，化学试剂多种多样，甚至有些易挥发有毒的药品，因此，化学试剂管理是化学实验室安全管理工作的重中之重，不仅要注意化学试剂的存储和使用的安全问题，还要注意使用化学试剂所产生的废弃物的安全问题。

化学试剂使用安全管理。实验室管理人员要清楚每一种试剂的性质，实验室试剂要进行造册登记，设立专门的试剂柜存储，出入都要有详细的登记，危险试剂要单独专柜保存，剧毒试剂专柜保存并上锁，钥匙由专人保管。同时，实验室要配备灭火器、沙箱、防火毯、医疗箱等物品，防止意外事故的发生。

实验室废弃物的安全管理。在化学实验中，有很多的废弃物（气体、液体和固体），有些废弃物中含有有毒有害、易燃易爆的物质，所以在处理时要注意安全。实验过程中，实验室管理人员要积极采取相应措施，避免污染环境和发生危险。如，做实验的学生要带好手套、口罩和防护眼镜，做好安全防护措施；若实验中产生少量有毒气体，要及时开启通风设备，经空气稀释排出；要对废液进行分类收集，并用标签注明废液的种类，根据废液的不同化学性质进行不同的处理，如含银的废液，可以加入过量饱和 NaCl 溶液进行沉淀处理等。

由于化学学科本身的特点及其特殊性，化学实验室管理工作是一项细致又复杂且技术性很强的工作，它不仅会影响实验结果，还影响着教学质量和科研水平的提高，在进行化学实验室管理时，要严格遵守相关管理制度，加强实验室安全管理，强化仪器设备共享管理，提高仪器设备使用效益，同时实验室管理人员要注重自身素质的提高，对相关专业知识和技能充分掌握，确保实验室安全有效的运行。

第二节　化学实验室管理体制建设

高校要进行教学和拥有良好的科研环境，必不可少的就是实验室的建设。目前高校越来越注意教学的水平和质量，所以实验室逐渐成为衡量一所高校进行教学优劣，教学成果，教学水平的标准。目前高校需要进行的就是提高实验室教学的质量，发挥实验室的功能，对实验室管理体制建设进行探索。

进入新世纪以后，我国进入了创新社会，国家越来越注意建设创新性高校，培养具有创新精神的人才。进行实验室的建设有利于培养这一方面的人才，所以实验室的建设与管理直接关系着素质人才的培养与学习，这需要我们大力关注化学试验室的建设与管理。

一、我国化学实验室存在问题

（一）设备单一

现在，一些高校存在化学实验室设备单一，实验室的功能比较不齐全。在实际教学的过程中，实验室的利用率比较低下，学生在进行日常学习的时候，等会使用实验室，很少进行科研、单独研究等一些活动。实验室闲置的时间比较长，实验室的利用率并不高。

（二）管理制度结构不合格

教学实验室的管理手段比较落后，实验室的管理制度不合理。实验室在进行使用以及管理的时候，虽然制定了一些规章制度，但是这些规章制度并没有细化，在执行的时候规律不规范。在进行任务的时候执行并不规范以及无法调动执行人员的工作积极性。管理人员没有具体的、规范的制度可以参考，没有比较积极的行为，所以制度管理并不规范。

（三）仪器的使用率低

学校会在一定的时间内进行仪器的采购，利用一些固定的资金进行购买。在进行采购的时候会发生采购的仪器没有一定的计划，在购买之前并没有进行提前考察使得采购出来的仪器并没有适合相关教学、试验任务的功能，这样使得教学以及科研的工作进展并不顺利。仪器的利用率比较低，使得实验室只有少数的教师以及学生可以使用，利用率始终提不上去。

（四）管理人员经验不足

在技术人员进行维护以及管理的时候，需要对实验室的保养以及维修，在进行实验室课之前需要对实验室的物品进行准备，以及实验室清洁的管理需要管理人员付出比较高效率的保证。管理人员不足也会使得实验室的管理水平以及工作效率比较不高效。

二、管理制度优化的措施

（一）认真管理仪器

实验室用来存放溶液或者是药品的仪器要严格符合存放的标准，保证准确可靠，存放药品的时候不会发生泄漏以及其他异常的情况。在进行仪器存放的时候，要建立一个严格的档案进行仪器的记录，并且安排靠谱的工作人员进行保管。在存放了贵重仪器以后不能随意搬动仪器。实验室仪器外借的时候要做好严格的记录，记录下来具体的用途以及人员。对于大型仪器的使用，要严格按照操作方法进行，使用完毕后要对电源进行切断，对于仪器上的其他零件要进行归位处理。

（二）实验室溶液、药品管理得当

各种药品的采购以及记录要写清楚单位、价格以及计量的容积。药品的剩余或者是使用情况，都要规定一个固定的时间进行整理。在整理固定药品的时候要按照程序进行操作，要对过期或者是变质的药品进行处理，不可以再进行二次使用。

（三）玻璃容器合理管理

玻璃器皿要每年固定时间进行检查或者是清理，核实出来破损或者是有污损的玻璃器皿进行清理或者是打扫。玻璃器皿的污垢要进行清理，存放的器皿会产生细菌，所以要进行高温灭菌处理。

三、安全管理

进入实验室的时候，要穿戴进入实验室需要穿戴的服装，在进行消毒、清理的工作时，要随时在一旁进行观察。对于会产生毒气或者是有毒的化学药品要做好防护措施，不要直接接触药品，应该使用相应的仪器。在进行试验完毕了以后要对双手进行清洗，对于进行工作的服装也要定时进行清理。要认真检查实验室的仪器、电气、水等设备有没有关闭门锁也要紧闭处理。

一些实验室并不是只有一个进行良好的试验建设的任务，还会有其他方面的任务以及目标。在满足了科研任务的时候还要实现一定的经济效益。在进行实验室制度管理建设的时候，要对实验室的制度进行优化，使得实验室可以满足良好的试验体验，并且可以实现一定的经济效益。

第三节　化学实验室管理的科学性

化学实验室是进行科研和化学实验教学的场所。化学实验室的管理包含了药物的合理储藏与使用、实验前的准备工作以及实验后的废品回收工作等。中学化学实验室的管理会直接影响中学的办学水平。近几年，中学化学实验室经常发生安全事故，对此，如何加强化学实验室的管理，降低安全事故的发生概率是重中之重。

为了培养符合社会发展的专业型人才，大部分中学对化学实验室进行了改革。有机化学实验是包括制药专业、化工专业、材化专业在内的许多专业的必修课程之一。化学实验团队的综合素质与实验室的管理以及实验室的教学质量紧密相连。将理论知识转化为实践操作，培养学生的创造能力和动手能力是最突出教学效果的方法。化学实验室用于开展实验教学，科学有效地进行实验室的管理是保证教学顺利进行的前提，也是保证教学任务高效完成的核心。当前中学化学实验室的管理中，仍然存在许多不足之处，也是影响实验质量的主要原因。因此，加强化学实验室的管理，完善管理制度，提升管理水平，才能够有效提高实验教学的效果。

一、化学实验室管理中存在的问题

化学实验室的管理未引起重视。传统方式管理下的化学实验室，作为一种辅助理论教学的工作，并未受到中学的重视，只是进行了简单的日常管理。同时，许多中学的化学实验室都没有专职的管理人员，大多数是由任课老师兼职管理，或者是临时工作人员管理，由此可见，针对实验室的管理所花费的时间有限，同时管理人员对实验室工作的不熟练，也影响了管理工作的有序开展，导致实验室的管理水平无法得到提升，管理的方式也不够精细化和科学化。与此同时，化学实验室未得到全面的管理，院校的监督不够，工作人员也仅仅是完成分内工作，导致院校相关政策无法落实。

实验室的管理缺乏创新。实验室依然沿用传统的管理模式，无法跟上现代化的管理思维，缺乏创新意识。在科技迅速发展的当下，实验室的管理要跟上时代的发展步伐，具有创新意识是非常重要的。创新意识的缺乏也是导致化学实验室教学滞后的主要原因，因此针对实验室的管理问题进行改革是十分必要的。

缺乏科学的管理制度。由于中学化学实验室未受到院校的重视，导致化学实验室的管理制度也缺少科学性；同时，由于管理制度无法落到实处，也使得管理工作依靠教师的兴趣与经验开展，不同的化学实验室其管理方式也不同，大都比较散漫。而且，没有定期对实验室的安全问题进行检查，以至于等到问题发生之后再去处理，临时抱佛脚的处理方式不仅耽误教学的开展，还降低了教学质量。此外，实验室使用过后的整理与清洁工作不及时，垃圾处理工作也不够规范。

药品管理不科学。化学实验室的药品管理是重中之重，关系着实验室的安全和有序使用。药品的随意摆放会增加实验时的工作量；不及时检查药品的保质期，会增添过期药物处理的成本；不及时检查或者标记药品的标签，会造成药品资源浪费的情况发生；对实验室药品数量的不了解，会引发药品订购的不科学，导致药品不足或者堆积的情况发生。

二、化学实验室科学管理的策略

提高化学实验室管理人员的专业性。采取专岗专职的模式提高化学实验室管理人员的专业性，是保证教学顺利进行的大前提。重视化学实验室管理工作主要要体现在管理人员的专业性和业务能力的提高上，为实验室培养专业的管理人员展开工作，通过培训、时间操作等方式提高人员的业务水准；同时，为管理人员构建绩效考核标准，提升岗位的竞争力，激发管理人员的主动学习能力和创造力；此外，完善岗位晋升机制尤为重要，能够有效提升管理人员对于工作的责任感、主动性、积极性。

完善实验室管理制度。根据化学实验室的特点，制定符合实验室管理的相关制定，并根据制度对管理人员以及需要参与实验的学生进行培训，促使管理制度能够落到实处。同时，也要将是实验室的安全责任意识落实，定期进行检查，排查并排除实验室存在的安全问题及隐患防患于未然；同时，构建应急措施，定期在实验室进行安全演练，提高实验室使用者的安全意识与突发状况的处理能力。规范实验室使用前后的整理与废弃物处理工作，定期打扫，垃圾及时处理。促使化学实验室得到科学化的管理。

加强药品使用与储存的管理。化学实验室内药品种类繁多，且有的药品具有易燃、易爆、易腐蚀的特点，因此，在管理过程中必须根据药品的特点进行规划，科学分类。其一，药品管理必须由专业化程度高、药品管理素养高的老师进行管理，没有老师的允许不得擅入。另外，要根据药品的特点及其属性正确保存，分类存放。药品要使用标签标注相关信息并粘贴在药瓶上，危险药品的领用必须要存有记录；其二，保持药品存放室的干净整洁，药品摆放整齐有序。为了满足药品存放环境避光、阴凉的需求，需要经常通风，并做好相关的工作记录；其三，根据化学实验室的药品使用情况，针对易挥发、易变质的药品按照实验需求购买，不过多储存；其四，针对可以再次使用的药品，及时回收并使用。而对于实验过程中产生的有害、有毒物质，必须严格按照要求进行处理。

化学实验室的应用对于相关专业的学生来说具有重要的实践意义，而加强对化学实验室的科学管理，培养一支专业化的管理队伍，创新管理模式，加强药品使用与保存的管理显得非常重要。加强化学实验室的管理与建设，有助于更好的服务科研与教学，提高教学的质量，同时，有利于培养学生处理问题的能力、动手能力以及创造力，最终达到提高学生科研能力、创新能力以及综合素养的目的。

第四节　无机及分析化学实验室管理

无机及分析化学实验室在我国高等教育中的应用越来越广，相关化学实验课程也成为我国高等教育体系中多学科领域的必修课程之一。文章从实验室管理的重要性与相关问题进行分析，进而探究了无机及分析化学实验室的有效管理方式与策略。

化学作为一门以实验为基础的理性学科，在实际教学中，应以理论为指导、实验为探索，才能对化学领域的知识做出深入的研究。化学实验教学由于理性较高，故在理工农医等专业都发挥了重要作用，高校利用这一形式参与教学，也为我国社会输送了大量的高等人才。其中无机及分析化学的课程，是我国高等教育中理工农医类的基础性课程，由理论教学与实践探索两部分内容组成，而实验在教学过程中又占据主导地位，故重视无机及分析化学实验室的建设，能够为化学实验人才的能力素质培养起到推动性作用。

一、无机及分析化学实验室管理的必要性与相关问题

（一）优化实验资源构成

在大学的化学实验课程中，实施无机及分析化学实验课程管理中的"实验循环开设"方法后，能够将每一学期的实验体系以大循环的方式，对实验的内容进行区分和汇总，对相关实验内容予以总结和应用。学生依照相应的教学安排，依次进入不同的实验室，而实验室的仪器管理与试剂准备也能够符合当下阶段的实验需求，在需求的影响之下，提高了实验资源的使用率，减少了实验资源的利用率。通过实施"实验循环开设"的方法，有效解决了实验过程中人力不足的问题，同时，对于仪器需求较大的实验项目来说，也能够有效解决其中贮存空间不足的问题。但无机及分析化学实验课程基于实践课程的形式上，对课程的指导教师与学生也予以新的要求，如大学实验课程中，单独设课的形式与理论课程的安排就产生了一定的矛盾，使其实验所涉及的理论知识置于相关理论课程教学之前，为了学生能够顺利地开展实验课程，就必须要对相关理论知识做出预先的了解，因此，学生对于实验中的原理及理论要求，就要有所掌握。为确保相关实验的顺利进行，在不同组学生进入或离开实验室时，都需要及时的清理玻璃器皿，以便于及时更换实验室中的破损器皿。

（二）提高仪器设备使用率

在化学实验中，相关仪器设备是重要的实验器材，由于其造价成本较高，故在实验的过程中，合理的安排与养护操作，都是保证化学实验教学顺利开展的重要前提。对于一些小型的仪器设备，如电热套及磁力搅拌器等，在实验中应确保学生人手一套，而其他数量有限且造价较贵的仪器，则可以多人进行使用，如分光光度计及火焰离子化检验检测器等。为缓解实验过程中的仪器数量限制问题，指导教师与相关技术人员应在实验开始之前做出详细的计划与部署，对实验的内容进行精细的筹划，对实验的顺序也要做出合理的安排。大学实验室中采取无机及分析的方法，就要从每一个大循环里，选择几个确定数量的定量分析实验与几个确定数量的制备实验和定性分析实验。至此，由于无机及分析实验室承担着各种类型的化学实验的教学任务，故校方应积极

督促各实验负责人的协商与交流，对课程体系中的各项试验选择科学顺序进行安排，从而解决各项仪器设备数量有限的问题，以此来提高实验中各项仪器设备的使用率。

（三）目前高校无机及分析实验室的管理问题

（1）各高校的办学体系不断扩大，在教育资源上也不断积累，而实验室的增加数目始终有限，这对于实验课程的安排来说产生了相应的限制。

（2）社会发展对于人才的需求越来越高，当下社会更注重人才素质是否全面，因此相关实验课程能够培养学生的动手能力，而人才培养的需求与学校的实验室资源有限之间存在必然矛盾。

（3）相关实验课程的安排主要是面向多学科本科生，由于其化学实验的基础较为薄弱，故通过实验课程的方法能够培养学生的学科基础素养。

（4）实验内容的丰富与综合性质，使实验课程的体系也趋于开放化发展，但受相关教学条件的限制，这一目标很难实现。

（5）实验室内部的化学药品试剂种类较多，在管理问题上形成了一定的困难。

针对上述高校中化学实验室额定管理问题，利用无机及分析的实验方法，能够充分提升实验室管理的整体效率，使其更好地为高校实验教学服务。

二、无机及分析化学实验室管理的有效措施

（一）建立相关实验室管理条例

影响部分高校实验室管理质量的原因主要是由于缺乏统一且有效的管理条例，因此，在许多方面的管理问题上，都存在一定的弊端，所以大学实验室的管理需要通过相关条例来保证实验室的使用效果，其管理内容，可包括相关检验检测人员的使用守则，学生参与实验的注意事项，相关实验器材的维护与保养方法等，都属于可规范的内容，而这些方面都需要通过条文的形式，建立相关管理条例，使师生能够在使用实验室的过程中自觉遵守、共同服从。

（二）协调理论与实验之间的矛盾

上述文字提到，有些实验在进行的过程中，实验所需要的理论知识可能会出现在理论课程的安排之前，那么如何协调理论课程与实验课程之间的关系，就成为实验室研究的前提条件。许多带有检验检测机构认证的实验室，在为高校提供研究场所之前，常出现使用紧张的问题，因此要求实验室的负责人员，应提前将各项试验的进度表予以明确，并将实验的时间在表格中标注出来，再根据不同的工作进度予以科学的安排，使实验室的使用率最大化提升。指导教师在处理理论课程与实验之间的矛盾时，可进行教学顺序的调节，先让学生掌握一定的理论知识基础，再参加实验，如此也能够减

少实验过程中的失误操作情况，科学的避免对实验器材的损伤。

（三）对实验安全方面的管理与监督

化学实验室中的各项化学药剂都具有不同的性质，许多化学药剂对于人体是存在一定伤害的，如强酸制剂和强碱制剂，若在使用过程中操作不当，就会引发安全事故。故实验室的管理人员应密切关注实验室的日常管理工作，对实验安全方面的管理与监督要从以下方面做起：

（1）关于药品的管理，可从化学试剂中的液体与固体方面进行，许多液体都具有较强的酸碱性，实验室的管理人员在进行分类处理时，应根据药品自身的特殊性质进行归类摆放，以防止药品的挥发和混淆，对药品的标注也应具体，避免标注不清晰而造成错误操作。药品应避光、常温、静止存放，对于一些具有特殊环境要求的药品，应单独放置，以免药品的性质发生改变，有些试剂具有易燃易爆性，要远离高温区域，以免发生危险。

（2）关于仪器方面的管理，应从清洁方面予以监督，在实验开始前及结束以后，都要对相关重复使用的仪器进行彻底的清晰，如烧杯、滴管、滴瓶等，清洗过后，应摆放整齐，以备其他实验人员使用。化学实验室中的玻璃仪器通常是整套使用的，在管理时也应整套管理，管理人员可采取编号的方式，使管理工作更加系统化。

在无机及分析化学实验室中，相关仪器与药品的种类较为繁杂，管理起来也必须足够仔细，才能维护实验室的日常管理工作质量。相关管理人员应具备较强的责任心，做到与时俱进，不断提升自身的专业素质，以适应当代教育模式的进步；实验室的管理工作应更加注重细节，努力实现科学管理的制度化与规范化。

第五节　化学实验室管理初探与实践

文章从"制度管理""安全管理""日常管理""仪器管理"及"人员管理"五个方面，初步探讨了如何做好分析化学实验室的管理工作，并提出可行性的方案，给分析化学实验技术人员提供一定的参考。

一、分析化学实验室管理的重要性

随着现代科技的迅猛发展，分析化学越来越广泛运用于社会的各个领域。分析化学课程是高等院校化工、化学、生物、医学、环境、食品等专业的一门基础课程。分析化学实验是分析化学课程不可缺少的一个重要组成部分，通过分析化学课程的实验与实践，学生可以加深对理论知识的理解和深化，同时，可以培养分析解决问题和实际动手操作的综合能力，这些在素质教育中起着至关重要的作用。

二、分析化学实验室管理的探索与实践

（一）实验室制度管理

完善且规范的实验室管理制度为化学实验室各项工作开展的规范化和程序化提供依据，是化学实验教学工作正常运转的根本保障。我院化学实验教学中心制定了如下的管理制度，《实验室基本信息统计制度》《实验室工作档案管理制度》《低值耐用设备管理办法》《仪器设备管理制度》《实验设备及仪器借用损坏丢失赔偿制度》《实验室安全制度》《实验室卫生制度》《学生实验管理制度》《化学实验教学中心考核制度》《化学实验课程成绩评定办法》等，这些制度经过详细的规定，在负责人的监督下一步步具体实施，在分析化学实验室管理中发挥了重要的作用。

（二）实验室安全管理

实验室安全是化学实验室管理工作的重要内容，也是化学实验教学工作正常运转的重要保障。结合我院化学实验教学中心的具体情况，始终坚持"以人为本，安全第一"的基本原则，从教师、学生、实验技术人员三方面做好分析化学实验室安全管理工作。实验教师必须在学生首次进入实验室前，对学生进行安全教育，指导学生学习实验室安全知识，学生经过考核通过后方可进入。我院化学实验教学中心明确有"三戴"的规定——佩戴护目镜，携带防护手套，穿戴实验服，"三戴"缺一，均不得进入实验室，教师将此项记入学生实验成绩。实验教师还必须在授课时清楚强调每个分析化学实验的危险试剂，危险步骤及有效的处理措施。实验技术人员是实验室工作的主要管理者，要最大限度地保证实验的安全性，同时将安全隐患降至最低限度，如在每个实验室配备并定期检查灭火器、沙箱等器材，要将烧伤、烫伤、腐蚀的预防和其他突发事件的应急措施铭记在心，在实验结束后检查水电门窗，从根本上做到防患于未然。

（三）实验室日常管理

实验室日常管理主要从药品试剂管理和废液卫生管理两个方面着手。我院分析化学实验课面向全校本科生开设，每年开课班级达到50余个，需要使用的药品试剂种类繁多、数量庞大，结合实验室的具体情况，主要采用分类存放、进出有账的方法进行管理，并且采用电子和纸质两种版本。根据我院分析化学实验室管理的经验，每学期初，按照实际学生数量和单次实验中药品试剂的用量，计算每种药品试剂的所需量，在保有一定库存量的基础上，合理的采购，可以节约药品，减少采购成本。学期中，我院分析化学实验技术人员对药品试剂的实际消耗量、余量和库存量都会再次统计，确保实验教学顺利、高效的开展。药品试剂主要分为普通药品试剂、特殊药品试剂和

危化品。其中，普通药品试剂，按酸、碱、盐、氧化物、有机物、指示剂等分区存放，贴好标签，取用方便。针对特殊药品试剂的性质，采用特殊保存方法，比如，硝酸银、硝酸等见光易分解的试剂，采用遮光保存法；淀粉溶液不宜放置过久，一般只能现用现配；亚硫酸钠等易氧化的药品，通常只能提前一周配制。危化品中易燃、易爆、强腐蚀性的药品试剂应储存在低温阴凉处，由专人专柜加锁管理，现领现用，对于浓硫酸、盐酸、硝酸等强酸，一次性购入量不能太多；剧毒性的药品试剂应由双人专柜双锁管理。我院分析化学实验技术人员每半个月对所有的药品试剂进行清点、检查，尤其是危化品，以防止其变质，造成实验室事故。

分析化学实验室经常产生大量的废弃物，包括酸性试剂，碱性试剂，含铬、汞、铅、砷、银等有毒试剂。在废液管理时，分析化学实验技术人员根据废液性质，按类分放，贴好标签，定期回收，绝不允许"一倒了之"的现象出现。我们非常鼓励学生考虑废物利用，指导学生查阅资料，合理进行废液处理，例如，曾指导学生用乙醇废液清洗有机化合物，从硝酸银废液中提取银。这样，既减少了环境污染，又增强学生的环保意识。

（四）实验室仪器管理

分析化学实验教学工作的正常进行离不开仪器设备的投入。玻璃仪器是分析化学实验中使用最频繁、种类最多，也是破损率最高的仪器，我院采用分类、分柜、分层、分箱存放的管理方法，将玻璃仪器存放在储备室，一目了然，取用方便，避免破损。每学期初，我们分发给每一位学生一整套玻璃仪器，由学生保管在自己的实验柜内，如丢失破损，需向实验技术人员申请批准后，再到储备室取用，这样，依据"按人分发，自行保管，申请补充，责任到人"的原则进行管理，玻璃仪器的破损率有了很大的改善，同时培养了学生的责任意识。分析化学实验室还与其他基础学科不同的是，拥有较多精密设备，如分析天平、电子天平、离心机、分光光度计等，众多低值小型仪器管理的有序与否，直接关系到实验教学工作的正常进行。鉴于我院分析化学实验室空间有限，实验技术人员依据《低值耐用设备管理办法》和《仪器设备管理制度》，对精密设备采用科学分类、优化组合、定位存放、进出有账的方法进行管理。实验结束后，实验员会及时清点、检查，并回收仪器，进行必要的维护保养和故障报修，以提高设备的完好率和利用率。

（五）实验室人员管理

在我院分析化学实验室，实验技术人员并不承担实验任务，但是除了做好药品试剂、仪器设备的管理和准备工作以外，还要认真预做每一个分析化学实验，及时与教师沟通交流、分析讨论，对可能出现的问题，有一定的预见性，协助教师完成各项实验教学任务。为提高实验技术人员自身综合能力和业务水平，每年我院化学实验教学中心组织实验人员到高校参加化学实验研讨会以及全国高教仪器设备展示会。

实验室管理工作是一项细致全面又复杂烦琐的工作，实验技术人员是实验室主要的管理者，必须要有强烈的责任感和扎实的专业知识。针对高校自身的发展需要和分析化学学科的特殊性，我们会本着认真严谨的态度，不断实践创新、与时俱进，探索更加科学规范的实验室运行模式，肩负起国家赋予高校的历史使命，培养更高素质的分析化学专业人才。

第六节　EHS　在化学实验室管理中的应用

EHS 管理是要安全、健康、环保的调配单位的具体职能部门、以及各部资源形成一体化系统，是一个全方位、立体的系统。如今已被化工、纺织、电子等各行业应用，高校化学类实验室对此系统的应用还略显不足，本节对 EHS 对我校危化品管理作用入手，分析 EHS 管理对我校化学类实验室建设的意义，并就改进措施提出自己的观点。

EHS 是职业安全管理体系和环境管理体系的融合，目前已在国民生产多个行业中实施，对社会发展有着不可估量的意义。对化学类实验室的管理，特别是危化品的管理中融入 EHS 管理，符合目前国际流行理念 - 绿色、环保。对化学实验室进行 EHS 管理，不仅可以提升对外形象，而且能让从事科学实验的老师和学生更安全，更高效，为学校的发展提供更多动力。

一、高校化学实验室构建 EHS 的意义

（一）有利于促进实验室高效化管理

化学实验室的管理水平体现了实训中心对实验室管理的水平，是测试管理职能是否达标的重要参照。由于 EHS 的科学性和安全性，一旦引入化学实验室的管理，能把一切危险因素进行有效的区分和管理，评估风险造成的不良影响，做出合理的规划安排，提升工作效率，加强安全防护。

（二）使实验室承担更多的社会责任

随着社会不断进步，人们在对物质要求不断满足的情况下，对环境安全的要求也与日俱增，营造一个安全，高效的环境正符合 EHS 体系的要求，人与自然安全和谐的相处，是未来可持续发展的重要条件，EHS 体系的诞生对高校实验室的发展，也提出了更高要求，使其承担更多的社会责任。

二、高校化学实验室构建 EHS 的不足

（一）对构建 EHS 缺乏相应的资金支持

化学实验室在规划时不够合理，使用面积不达标，消防设备陈旧，长期没有安全检查等，都是 EHS 系统缺乏相应资金支持的典型表现，一旦发生问题，无法及时遏制，导致更严重的事故。

（二）EHS 管理没有注重人才培养

化学实验室建设时，过于强调硬件设施的建设，忽略了对管理人员的培训，发生危害时，管理人员由于没有经验，也可能使事故由小变大。另外平时没有树立以人为本的观念，导致高素质人才流失。

（三）危化品执行 EHS 力度不够

对危化品安全使用方法不清；使用发生危化品侵蚀案例时，应急预案没有；采购、运输过程不够规范等问题在各个实验室都有存在，另外还有危化品废液的处理，以及处理厂家的合规与否，都是执行 EHS 力度不够的表现。

三、管理可行性分析

（一）确定专门的管理负责人

实验中心负责人，要协调旗下所有实验室的 EHS 管理方案，每一个实验室要设置专门的负责人，定期考察 EHS 的执行情况，对于积极参与的人员要给与绩效方面奖励，增加积极性。

（二）培养实验人员 EHS 观念

管理员要定期对所管辖的实验员做相应的 EHS 系统培训，另外要关心他们的实验环境和安全状况，提升人员对工作环境的满意度。

（三）制定周密的应急预案

平时要定期检查消防安全设置的好坏，组建一支专业的救援团队，定期进行消防演习，使化学实验人员在发生危险时，能够立刻采取紧急措施。

综上所述，只要在化学实验室实行好 EHS 管理，加强日常维护，是可以让参与其中的成员更安全、更有效的从事化学科研工作的。管理者应该做的则是发现 EHS 管理系统的不足，及时的制定解决措施，在科学的管理方法下，让实验室平稳运行。

第七节　无机化学实验室管理探索与实践

实践教学是现代高校复合型、应用型人才培养体系中的重要组成部分，对学生动手能力、创新能力的培养以及就业竞争力的提高具有不可替代的作用。化学是一门以实验为基础的学科，而无机化学实验则是化学相关专业学生进入大学后，首次接触的一门基础实验课。对于我校来说，无机化学实验还是化学、制药、环境、生物等相关专业学生的必修主干课之一，是基础中的基础，显得尤其重要。

无机化学实验室是对学生进行无机化学实验教学的重要阵地，无机化学实验室的玻璃仪器多，易损坏，化学药品多（很多是腐蚀、剧毒品），零碎东西多而杂。如今，随着高校招生人数的逐年增加，我校各院系的规模不断扩大，新开设实验的增多，实验药品、仪器成倍地增加，使用率大大增加，对实验室的硬件、软件建设提出了更高的要求。如何采取行之有效的手段，提升无机化学实验教学硬件、软件条件，让无机化学实验室的管理更加科学、合理、环保，从而更好地保障教学实验工作顺利进行，具有重要的意义。近年来，结合无机化学实验室在我校人才培养中的地位和作用，针对无机化学实验室管理中的一些问题，进行了积极的探索和实践，在实际工作中取得了较好的效果。

一、加强实验室的安全管理

（一）重视学生的安全教育和管理树立安全意识

实验室服务的主体是实验学生，也是实验室各种事故发生的主要对象。加强对实验学生的安全教育和管理，是实验室安全管理的重要内容。我校无机化学实验室面对的主要是大一新生，对于这些刚刚从高中升入大学的一年级新生，在中学阶段，他们的实验课也相对较少，接触过的实验器材也很有限，实验操作技能都很薄弱，学生的安全意识还不强。因此，化学实验教学还担负着对学生进行安全教育的责任。

从开学的第一节实验课就开始对学生进行实验室安全教育，而且贯穿在所有实验过程之中，要求每位学生在实验过程中必须严格按照实验操作规程进行实验，无机实验室常会用到易燃易爆易挥发的有机溶剂，使用酒精灯、电炉等明火加热，要求学生一定做到火不离人，养成良好的实验习惯；进实验室必须穿实验服，严禁穿拖鞋进入实验室、严禁在实验室内吃东西、实验结束认真洗手等一些细节入手，狠抓行为习惯的培养。

本着"以人为本，重在预防"的原则，培养学生的安全意识，提高学生的安全素质，让其从学生做起，从无机化学实验室做起，养成在以后的职业生涯中必备的讲安全的习惯。

（二）建立实验室安全事故应急预案从容应对可能发生的安全事故

在无机化学实验室经常要接触到容易燃烧的物质、强氧化剂、有毒物质，管理不善或失误，容易引起火灾、爆炸或中毒事故，因此，无机实验室要有严格的安全措施。根据实验室的特点，我们制订了《实验室突发事件应急救援预案》，预案包括处理各类可能发生的火情、水情的有效措施，从容应对可能发生的安全事故。

我校无机化学实验室建于 20 世纪 80 年代，近年来，我们积极创造条件，争取学校专项资金经费投入，对实验室通风、水、电进行改造，实验教学条件与环境得到了较大的改善，为实验安全创造良好的基础条件。另外，在实验室专门设置安全防护区域，配备灭火器、灭火沙、消防龙头和防护镜等设施；存放急救箱、急救药品等；设置淋洗装置、通风装置等，对安全防护设施做到定期检查、更新。

二、药品管理的实践与创新

（一）药品的科学合理存放

实验室药品管理是实验整体管理的一个重要环节，与其他化学实验相比，无机化学实验涉及的化学药品很多，既有固体又有液体，多为酸、碱、盐、金属单质、氧化物及一些少量的有机物和指示剂等。针对这一特点，一方面是将验收合格的药品分类存放，按照其各自的化学性质，分为有机物类、无机物类以及危险化学品类等，每个区域再根据各自特点及性质进行排放，并贴上标签，方便查找取用。如无机物可按周期表、试剂的字头排列、阴离子排列排放，有机物按官能团分类排放，指示剂可按功能、颜色排放等。另一方面，药品应妥善保管，如果保管不当，不仅是药品变质，而且可能成为事故隐患。易燃液体的存放，应在阴凉通风处，并远离火源。强氧化剂不要与有机物接触，如金属钠、金属钾应保存在煤油里，且不要沾水。汞易挥发，它通过呼吸道进入人体会引起慢性中毒，所以只能单独保存在密封的容器内，并在其液面上加水以减少挥发。

（二）药品的规范使用

在化学实验中，操作和滴加试剂的先后顺序不同，对实验的成功有着至关重要的作用，如不注意也常会发生一些安全事故。在无机化学实验中，需要用到各种不同浓度的硫酸，在稀释浓硫酸时，如果将水倒入浓硫酸中，会使水立即沸腾，使硫酸液四处飞溅，造成烧伤事故。稀释浓硫酸时，应将浓硫酸缓缓倒入水中，同时搅拌，切不可将水倒入浓硫酸中，以免骤热使酸溅出，伤害皮肤和眼睛。

（三）实用新型药品柜的设计

1. 药品管理存在的问题

近年来，随着学生人数的逐年增加，药品成倍地增加，药品柜使用率大大增加，现有药品柜的不足与药品成倍增加的矛盾日益突出，无法做到药品摆设分明、使用方便。

药品柜是化学实验室必不可少的橱柜，实验室现有的药品柜大多采用层板水平结构。在实践中我们发现，层板水平结构的药品柜因空间狭小，前面的药品遮挡后面的药品，寻找目标药品需要翻动大量药品，而且，无机化学实验中的有关性质实验和离子鉴别实验，需要用到大量的滴瓶和小广口瓶。为了便于查找和放回，我们在相关药品柜门上都贴了标签，但是药品柜的空间有限，实验人员伸手进药品柜内，逐一存取药品不便，甚至易将药品碰倒，给药品的日常使用和管理造成困难。

2. 新型药品柜的特点

针对现有层板水平设置的药品柜空间狭小，存取药品不便的情况，我们对现有药品柜进行改进，设计一种实用新型药品柜。该药品柜主要是对柜体进行创新和改造，可将层板方便地拉出或推入，以使实验人员既能方便且快速地找到目标药品但又不触碰到药品。本新型药品柜采用以下技术方案：（1）在柜体内设置直线导轨，层板方便地拉出或推入，快速地找到目标药品，且又不致触碰到药品。（2）设置限位挡块，防止向外拉层板脱离药品柜。（3）增设托盘，层板上不直接放置药品，药品放置于托盘内，药品可以一次性大量的拿进或拿出。在有关无机化学实验中的元素部分实验中，通常需要涉及几十种试剂、几百瓶滴瓶，托盘的设计，大大提高工作效率，可将实验用的大量滴瓶一次性存取，既省时又便利。（4）设置标签夹，在标签写上相应的药品名称，目的是使药品摆设有条不紊，一目了然。该药品柜已申请国家专利，并被授权。

三、仪器管理的实践与创新

（一）仪器赔偿制定

仪器设备管理是无机化学实验室管理中的一个重要内容，无机化学实验室涉及仪器多而杂，且以普通玻璃仪器为主。这些仪器，实验需用量大、利用率高，管理不当或不善于管理，将严重影响实验室的正常工作，如何科学地管理它们对教学工作具有重要的意义。每学期初，实验室为每位学生配备了一套常规玻璃仪器，仪器清单打印好贴在实验柜上，要求学生实验之前按照清单清点一遍，统一整齐摆放在自己的实验柜中。玻璃仪器属于易损坏的物品，为了防止学生因人为操作不当造成的损坏，实验室制订了相应的损坏仪器赔偿制度，在实验过程中，学生损坏仪器设备要及时填写仪器损坏清单，指导实验的教师签署意见，交纳赔偿金，补齐玻璃仪器。但是，如果因玻璃仪器的质量问题而损坏的仪器就不需要学生进行赔偿。

（二）公用仪器的管理

无机化学实验仪器多数是玻璃制品，其具有种类多、数量大、形状特殊、不易放稳、怕挤压、易破碎、存放占用空间大，使用、保养不方便的特点。

学生除了一人一套常用玻璃仪器外，还配备有公用仪器，根据它们的用途存放在固定的位置。在无机化学实验室，每排实验桌都设有公用仪器柜，公用仪器分别放入相应的塑料框内，并且贴上标签以方便查找，每次实验，学生根据需要取用仪器，实验结束后，再将仪器放回。对于磨口仪器，如滴定管中的酸式滴定管和碱式滴定管，实验结束后，督促学生清洗仪器，在活塞磨口处垫上纸片，防止玻璃粘接，并将公用仪器物放归原处，逐渐养成良好的实验习惯。

（三）实用新型玻璃仪器放置柜的设计

1.玻璃仪器存放的问题

玻璃仪器易碎易损耗，如果不加以科学管理，会造成较大的经济损失。在无机化学实验中需频繁地使用滴定管，实验时一般采用专门设计的滴定管架来进行夹持，但是在存放时却没有相应的存放设备。由于滴定管为细长的玻璃制品，一般是集中放置于实验柜里，采用上述的存放方式，仪器容易相互碰撞而造成损坏。另外，因仪器的集中放置，不利于水汽的散发，加速滴定管上橡胶部件的老化。

2.实用新型玻璃仪器放置实验柜的特点

本实验柜针对现有化学实验各类滴定管等仪器有序存放和管理不足问题进行改进，设计一种可将隔板方便地拉出或推入，且各隔板上的仪器能够定位的实用新型玻璃仪器放置实验柜。本新型药品柜采用以下技术方案。设置直线导轨，并将隔板设置于直线导轨上，方便隔板拉出或推入实验柜内。设置限位挡块，防止隔板脱离实验柜。在隔板上设置管扣，仪器固定于管扣中，避免仪器在拉出或推入时，而发生碰撞而损坏的现象。设置通风孔，便于水分的散发。该玻璃仪器放置实验柜已申请国家专利，并被授权。

四、建立经常性清洁卫生制度

环境对人有着潜移默化的影响，一个干净、整洁的实验环境是避免安全事故发生的重要条件，要注重对学生进行环保教育，养成良好的环保习惯。

每次实验结束后，每位学生都要对实验桌进行整理，并安排值日生做好实验室清洁卫生工作和水电设施的安全检查，任课教师要对实验小组进行卫生积分制考核。该卫生评分作为实验平时成绩的一部分记入学生期末实验总评成绩。无机化学实验是我校化学、环境、生物和其他相关专业的基础实验，一般在学生入学的第一学年开设，这个时期是培养学生良好实验习惯的关键时期。因此，通过这些卫生管理措施，有效培养了学生的实验卫生习惯，为学生以良好的作风进入后续实验课程奠定了基础。

无机化学实验室作为基础教学实验室，对学科发展和学生的培养有重要的作用。在高等教育加快发展的新形势下，应结合学校的实际情况，不断改进，不断创新，运用先进的管理理念，使实验室工作更上一层楼，以适应教学改革和发展的要求，促进新时期创新人才的培养。

第八节　学生参与开放性化学实验室管理

开放性实验室的建设，对深化教育改革、培养高素质创新型人才、全面推进素质教育具有十分重要的意义，因此北京科技大学将化学实验室面向全校学生开放。针对高校开放性化学实验室的管理工作，分析实验室所面临的问题及改革的必要性，提出"学生参与、教师指导，成立化学科研课题组"的新型实验室管理模式，这种管理模式不仅进一步增加了实验室的开放程度，还提高了学生自主创新的能力，提高了工作效率，同时还弥补了实验教师人员不足的问题，使开放性实验室的运转更加流畅。

化学作为一个基础学科，承担着高等学校化学教育科研的重要工作，由于科学研究的重要场所为实验室，实验室的发展与相关学科的发展密切相关，因此对于实验室的建设与管理要给予高度的重视。化学与我们的生活息息相关，引起越来越多学生的关注，各个高校也陆续制定出实验室开放的政策，为全校学生提供便捷的服务。实验室的开放不仅有效地提升了实验室资源的使用效率，还推进了大型精密仪器的开发利用。但是实验室的开放也面临着很多问题，对于实验室开放管理模式的改革势在必行，因此针对实验室的具体情况提出了"学生参与、教师指导、成立化学科研课题组"的实验室开放管理模式，有效推动开放性化学实验室的建设，以便更好地服务于高校学生的科研工作。

一、实验室开放现状

开放性实验室的建设，对促进教育改革、培养高素质创新型人才、推进素质教育具有十分重要的意义。在完成学校规定的教学任务之外，将实验室对全校学生开放，充分利用自身丰富的物质条件、学科和技术上的优势、以及先进的大型仪器设备，为学校的人才培养、科技发展提供更多的便利条件，同时真正地将资源共享落到实处。

北京科技大学自然科学基础实验中心化学实验室，包括物理化学、分析化学、无机化学和有机化学四大基础化学实验，承担着化学、生物、材料、冶金、纳米等多个专业的必修教学课程以及面向全校的开放性选修课程，大量的课程和学生需求使得实验室教学人员工作繁重，应接不暇，不得不降低实验室的开放程度，开始重新规划实验室的管理工作。结合实验室的实际情况，通过不断的实践和改革，成功设计出适合本实验中心的实验室开放管理模式，不仅将实验室教学人员从繁重的工作中解脱出来，还增强了学生自主实验的积极性。

二、实验室开放所面临的问题

（一）实验教材不完善

对开放性实验的教材没有进行深入的研究，开放实验室的目的是为学生提供更多参与实验操作的机会，增强动手能力，深入学习科研知识，培养学生的实践能力和创新能力，因此在制定实验教材上要本着多元化、多样化、趣味性、层次性等原则，尽力保证每个学生都能在教材上找到自己合适的实验项目。

（二）实验教师人员不足

实验教师要熟悉新教材的内容，掌握各种仪器的使用及维护，然后对实验室各项设备的运行情况要及时地查看，做好记录，对实验药品及实验用品的摆放做好拍照、标记、归置工作，同时既定的教学任务比较多，因此面临化学实验室的全面开放、实验教学人员严重匮乏，不能够及时地对学生的创新性实验进行有效的指导，人员的不足就直接妨碍了实验室全面开放工作的进展。

（三）宣传工作不到位

对于实验室开放的宣传力度不够大，成效不显著，导致很多其他学院的师生并不了解具体的实验室开放制度以及能够提供的实验室资源，这就导致教师和学生想要参与实验室的开放实验，但由于不了解而放弃。更不用提学生主动利用课余时间进入实验室做实验，除此之外，学生参与程度太低也不利于科研课题组的成立。

（四）仪器设备损坏与消耗严重

实验室面向全校学生开放，为学生提供了自主参与实验的平台，学生在实验室做实验的人数和频率在逐渐增加，这对于实验教学的推广具有十分积极的影响，但是由于学生数量的增加，与之相关的实验药品的消耗，设备以及仪器的使用频率也在大幅增加。尤其是长期高频地使用大型实验设备，会使仪器发生较大的磨损，缩短了维护时间。除此之外，教师人员不足，不能做到对各个仪器设备的专门看护，有些学生未按规范操作使用仪器，加速了实验室设备的损坏。这就导致了实验室需要充足的经费支持，给实验室的开放管理带来了困难，因此，需要通过管理模式的改革来降低这种损耗。

（五）存在安全隐患

化学实验室的开放，丰富了学生的课余生活，开阔了他们的视野，但是在化学实验中，一些具有毒性和腐蚀性的药品以及易燃易爆物质的使用是不可避免的，比如浓硫酸、高氯酸、硝酸钾、硫磺等等，所以在实验室开放的情况下，安全保障措施起着至关重要的作用，需要进一步落实实验室的安全问题，一定对相关药品做好使用情况的登记，防止学生带出实验室，同时向学生讲解其性质，并规范学生的操作，避免由于操作失误造成的安全事故。做好实验药品的购买及使用情况登记，加强对强酸强碱、具有腐蚀性或者毒性药品的监管力度，合理并且规范实验药品的摆放，对危险品的使用，设计好安全区域，构建良好的实验室使用环境，提高实验室的开放水平及资源利用率。

三、学生参与的管理模式

（一）学生管理生选拔

首先要对实验室进行宣传，加大实验室的开放力度，并制定相应的鼓励措施，吸引更多的学生参与进来，建议先从化学生物专业的学生进行选拔，再慢慢发展至其他学科的学生，因为化学是化学生物专业学生的主攻学科，经过大学的学习有一定的学科基础，降低了培训的难度，然后根据学生的实验操作能力、主动参与管理的意愿、对待科研的态度、处理人际关系是否恰当等多方面考察，选拔合格的学生管理生。

（二）学生管理生培训

对学生管理生要进行细致严格的培训，首要培训的就是实验室的安全，让其了解作为管理生其肩上的责任重大；其次是掌握实验室的管理制度、管理流程，明确其作为管理人员的职责；最后培训如何进行实验室药品安置、登记以及相应仪器设备的使用和维护，培训完成后由教师进行考核，合格后才能上岗，时间上由教师统筹安排，确保工作时间内有学生值班。

（三）管理运行

制定完善的实验室管理制度，做好实验室安全检查工作，实验耗材的统计上报，各种仪器的登记使用、操作、维护和维修的记录，做好值班登记表，督促学生管理生按时到岗，对待工作保持严谨的态度，对来实验室做实验的学生进行培训，同时负责一定的科研任务。经过几年的运行，根据学生的科研情况，兴趣爱好，组建几个优秀的科研课题组。

（四）科研课题组的成立

在实验室开放管理模式下，组织优秀的学生成立科研课题组，并慢慢辐射到各个学院，加强大学生的实践技能和创新能力。由学生自行查找文献，确定研究课题，和实验指导教师沟通确认该课题的可行性，并在教师的指导下完成科研任务，发表高水平论文，同时，也为参加各类竞赛打下坚实基础。

（五）充分发挥实验室监控功能

各个化学实验室已经安装好高清摄像装置，能够对各个实验室实施 24 小时不间断监控，清晰记录每个实验室的学生操作情况，仪器使用状态，并且能够自动存储监控录像，以便日后有需要调取。监控系统不仅仅是针对学生的实验行为进行监管，更重要的是对实验室的安全进行监视，发挥防火、防水、防盗的作用。

化学实验室的开放工作已经取得了一定的进展，迎来了各个高校的参观和学习，并获得了 2016 年"北京市化学实验教学示范中心"的称号，"学生参与、教师指导、成立化学科研课题组"管理模式的制定，将会进一步增加实验室的开放程度，既提高了学生自主创新的能力，提高了工作效率，又弥补了实验教师人员不足的问题，开放性实验室的运转将会更加流畅。

第三章 食品检验检测技术分析

第一节 食品添加剂检验检测技术分析

现代市场中的食品或多或少都含有一定添加剂，其主要作用是调节食物的口感，同时起到防腐的作用，适量的食品添加剂对人体没有危害，但是如果过量使用会对人体产生不利影响。为保证食品安全，对食品添加剂进行检验检测具有重要作用。

一、食品添加剂检验检测技术应用的必要性

食品安全是关系民生的重要问题，食品安全问题不断发生，给社会主义建设带来一定挑战。各个部门应当加强市场管理和监管水平，为人们提供一个安全的食品环境。这要求必须对市场中的食品添加剂进行检验检测，通过科学技术检验检测判断出食品的添加剂是否具有毒性，是否在食品中产生不良反应，同时确定食品中添加剂的含量的是否处于规定范围内，只有对食品含有添加剂进行检验检测才能实现食品安全，保障人们身体健康不受伤害。

二、食品添加剂检验检测技术

高效液相色谱法。高效液相色谱法在宏观角度上是色谱分析法中一种，这一技术是早期由经典液相色谱法和气相色谱演变而来，属于新型的分离分析技术。这一技术出现以后较之以前的技术具有分离性能高、分析效率快、检验检测灵敏性更加优良的优点，同时这一技术还能够分析高沸点但是不会气化的不稳定物质，所以这一技术在当时受到广泛欢迎和推广，在生物化学、食品检验检测以及临床等方面都起到重要作用。随着不断发展，色谱技术不断提高，各种软件不断涌现，并且与质谱仪器等实现结合使用，这一发展促使高效液相色谱法应用范围更加广泛，同时有效提高检验检测极限。

（一）气相色谱法

气相色谱法这一技术原理是流动相为气相的层分析形式，是最常用的技术分析手段。这一技术主要应用于分子量小于1000，同时沸点在350℃以下的化合物中。气相色谱法进行检验检测时，样品是在气相中完成交换和分离功能，这一措施使二相中的分离测定物交换速率得到广泛提高，并且层析柱达到比较长的长度，所以这一环节的分离效率和分离质量高于液相层。

随着技术不断优化的完善，各种高灵敏检验检测仪器被广泛应用到食品检测工作中，这些机器的投入使用，需要选择比较粗的层析柱，增加样品的加样量，在检验检测过程中，其灵敏度要比液相层析和气相色谱的灵敏度都要高一些。这一技术被广泛应用于食品微量成分检验检测中，沸点比较低的食品一般也会采用这以技术进行分析，比如说经常使用的香料等。

（二）紫外可见分光光度计

紫外可见分光光度计技术是一种传统的样品分析技术，这一技术在现代科技社会形成的高技术产品，其集光、机、电以及计算机为一体，应用范围非常广，比如，医疗卫生、食品检验检测、生物化学以及环境保护等方面都有广泛应用。在食品检验检测中的应用主要测定食品中甜蜜素、硝酸盐等物质。

（三）薄层层析

薄层层析也是色谱法中一部分，这一技术特点是能够快速分离和定性分析少量的物质，这一技术的使用具有重要开创性。薄层层析技术既具有柱色谱和纸色谱的优势，同时又具有独特的优点，属于固—液吸附色谱。这一技术在检验检测分析工作中只需少量的样品即可进行分离操作，另外制作薄层板时，可以适当加大加厚吸附层，可以用其精制样品。这一方法的出现对挥发性比较小的或者在高温下容易发生变化的物质。

（四）毛细管电泳技术

当前社会中，食品具有多样性和复杂性，所以食品添加剂的监测技术也应当不断进行完善，适用的食品分析技术能够满足不同的食品检验检测的需求，同时还能实现对同一物质的不同组分进行测定。毛细管电泳技术因为具有不同的分离模式所以其应用范围非常广泛，在进行食品检验检测中防腐剂、甜味剂、色素等物质都可以进行检验检测。

技术的不断发展促使商品仪器不断改进，因此已经出现自动进样器以及灵敏度比较高的检验检测器等，这些商品技术与毛细管电泳技术相结合，有效提高检验检测的精确度，同时顺利完成连续自动进样和在线分析技术。进行检验检测中综合运用质谱、核磁共振等技术，将高效毛细管电泳技术的高效分离效率充分表现出来，提高灵敏度和定性鉴定的能力，在最短时间内完成对复杂成分的分离与鉴定，为食品安全监测提供有效方法。

（五）离子色谱法

离子色谱法的应用可以分析物质中无机阴离子和阳离子，同时还可以分析物质中的生化物质。在食品检验检测中，这一技术主要用于检验检测食品中的防腐剂和酸味剂等添加剂。

食品添加剂是现代食品中的不可或缺的物质，与人们的生活具有密切关系，保证食品安全有利于社会建设和发展。当前，我国的食品添加剂在检验检测方面相对已经比较成熟，但是食品安全和发，新的食品添加剂不断出现，食品检验标准没有得到补充，在一定程度上存在安全隐患。加快食品检验检测技术研究，综合利用各种检验检测技术，保证的食品安全是当前建设的重要内容之一。

第二节　食品中非法添加物检验检测及分析

近年来，食品非法添加物比如苏丹红、三聚氰胺等造成了恶劣的社会影响。为了降低这类安全问题发生率，必须要提高在食品中非法添加物检验检测及分析方面重视度，借助相应的技术措施，提高食品中非法添加物检验检测和分析有效性，保证食品安全和健康。

一、常规检验检测技术

分光光度法。分光光度法在食品检验检测方面有着非常广泛应用，具有设备简单、准确度高、适用范围广特点。水产中经常会添加有甲醛等非法添加物，延长水产保鲜期，根据水产行业《水产品中甲醛的测定》，选择分光光度法作为第一法。硫化钠在味精生产工艺方面有广泛应用，当前将其列为违法添加物，目前我国缺乏专门的味精硫化钠检验检测方法，将分光光度法应用在硫化钠检验检测中，能够提供方法基础。

气相色谱与气相色谱 - 质谱联用技术。气相色谱技术（GC）在农药残留等检验检测方面有广泛应用，敌敌畏等属于剧毒性农药，部分商家为了保险腌制品等，将敌敌畏等药物添加在食品加工中。国家标准中，关于有机磷农药的检验检测，以 GC 法作为首选方法。富马酸二甲酯属于一种较为常见的非法添加物，在糕点类食品防腐方面有广泛应用，分光光度法等检验检测方法在富马酸二甲酯检验检测方法会受到糕点油脂和色素等因素干扰，降低检验检测结果稳定性，GC 检验检测方法已经成为当前富马酸二甲酯主要检验检测方法，有着简便快捷、结果准确等优势。将气相色谱 - 质谱联用技术能够使整个检验检测工作的灵敏度和选择性得到进一步提升，将其应用在有机磷农药等检验检测方面，可以为非法添加物的定性检验检测提供一种安全有效的检验检测方法。

二、食品中非法添加物新型检验检测方法

免疫检验检测法。免疫检验检测法在实际应用中有着特异性强、分析容量大等优势，已经发展成为食品安全快速筛查主流研究方向，在食品农药残留、苏丹红检验检测等方面有着非常广泛应用。免疫检验检测法中酶联免疫吸附检验检测法最为常用，在氯霉素含量检验检测方面有着非常好的应用效果。免疫检验检测法在实际应用中还存在有一定的不足，比如抗体制备复杂、检验检测目标单一等。

拉曼光谱法。拉曼光谱法有着快速、无损、安全特点，在实际应用中不需要制备试样、不需要消耗化学试剂，当前在非法添加物、果蔬农药残留等检验检测中发挥非常重要作用。拉曼光谱法在实际应用中同样存在有一定的缺陷，整个检验检测工作容易受荧光干扰，准确性、检验检测效率还需要进一步提高。

生物传感器。生物传感器属于一种生物敏感部件与转换器相结合的分析装置，被广泛应用在有机磷农药分析中。生物敏感部件在实际应用中，对生物活性物质以及特定化学物质存在有明显的可逆性和选择性，利用 pH、电导等参数的测量分析农药残留情况。生物传感器技术还能应用在肉制品抗生素、亚硝酸盐等检验检测方面，但因为处于研究阶段，检验检测结果的稳定性和准确性还无法得到有效保证。

三、非法添加物分析前处理技术

非法添加物检验检测前，一般需要对样品进行提取和浓缩等处理，食品基质存在有复杂多样性特点，样品处理技术直接影响到检验检测效率以及准确性。在样品分析之前，需要结合样品性质、检验检测要求等悬着合适的仪器和方法，实现对检验对象的快速准确分析。

常规提取、浓缩方法。食品中非法添加物的检验检测，首先需要对其提取、净化和浓缩处理。常用提取方法有溶剂浸提法等，利用乙醇等有机溶剂提取目标物，之后利用旋转蒸发仪等设备浓缩。在溶剂浸提过程中，还可以应用有微波、超声波等辅助手段，提高提取效率，属于一种重要前处理方法。

加速溶剂萃取法。加速溶剂萃取法在固体和半固体样品处理方面有广泛应用，需要在高压和高温条件下，利用有机溶剂提取目标物，有机溶剂用量少，提取速度快。相比于溶剂浸提法，加速溶剂萃取方式不需要花费过长时间，有着非常高的提取效率，各项技术指标能够满足农药残留检验检测实际需要。

固相萃取法。固相萃取法属于一种新的色谱样品前处理方法，主要是利用固体吸附剂吸附样品中的目标化合物，实现目标与基样相互分离，固相萃取法在农药、三聚氰胺等检验检测方面有着非常广泛应用。相比于传统萃取法，固相萃取法在实际应用中能够避免溶剂浸提法，一些缺陷，整个萃取过程简单、快速，不会对人体和环境造成过大影响。

当前，非法添加物的检验检测以化学仪器检验检测方式为主，随着免疫检验检测法等检验检测技术的发展，实际检验检测中需要结合非法添加物化学性质，有针对性地选择检验检测方法，未来非法添加物检验检测需要向着低成本、高效、准确方面发展，样品前处理技术同样需要向着快速、精确、自动化方向发展，减少各类人为因素影响所产生的误差。

第三节　食品中农药残留检验检测技术的分析

农药大量和不合理使用所造成的环境污染问题，以及农产品中的农药残留问题，越来越受到各国政府和公众的关注。随着国外不断发布更加严格的农药残留最大允许限量，我国农产品、食品进出口贸易正面临严重的农残困扰。农药残留检验检测是对痕量组分的分析技术，要求检验检测方法具有精细的操作手段、更高的灵敏度和更强的特异性。农药残留分析的全过程可以分为样本采集、制备、贮藏、提取、净化、浓缩和测定等步骤及对残留农药的确证。本节分别从技术的现状与发展方向进行阐述。

随着人们生活水平的提高，由农药残留引起的食品安全问题也越来越受到人们的关注，对农药残留的监测手段和检验检测水平提出了更高的要求，一方面促进了农药残留快速检验检测方法的研究，使农药残留检验检测技术朝着更加快速、方便的方向发展；另一方面推动仪器检验检测技术的发展，使检验检测结果更加准确、灵敏。农药残留快速检验检测和仪器检验检测技术都得到快速的发展。

一、食品中农药残留现状

农作物在生长过程中极易受到病虫害、杂草等的影响，因此农民在管理农作物的过程中会根据农作物的生长情况进行防病虫害、杂草的治理，农药就是农民用于防治病虫害、杂草最重要的"武器"，对促进农业增产有十分重要的作用。但农民在使用农药时缺乏科学的指导，常出现不合理的现象，导致农药污染问题，食品中农药残留量超标现象也十分普遍，严重影响人们的身体健康，因此必须严格检验检测食品中农药残留，防止超标农药对人体的危害。

二、农药残留快速检验检测技术

（一）色谱法

色谱法是检验检测食品中是否有农药残留的主要手段，可对农药的多残留进行分析，色谱法主要有气相色谱法、高效液相色谱法和超临界流体色谱法。高效液相色谱法是 20 世纪 60 年代后，兴起的一种分离、分析检验检测技术，经多年的实践、改进、完善，高效液相色谱法在食品农药残留中应用也非常广泛，高效液相色谱法分离效果好，检验检测速度快，应用于多种农药残留检验检测。超临界流体色谱法是近几年才发展起来的新型食品农药残留检验检测技术，主要用于检验检测高沸点且不挥发的试样，分离效率比高效液相色谱法更高，主要应用于提取和检验检测食品中农药残留，是目前我国食品农药残留检验检测中，发展趋势最好的检验检测技术。

（二）生物传感器法

生物传感器法是目前农药残留速测技术中的研究热点，是由一种生物敏感部件与转换器紧密配合的分析装置，这种生物敏感部件对特定化学物质或生物活性物质具有选择性和可逆响应，通过测定 pH、电导等物理化学信号的变化，即可测得农药残留量。利用农药对靶标酶（如乙酰胆碱酯酶）活性的抑制作用，利用复合纳米颗粒及纳米结构增强酶电极的性能并以生物活性单元（如：酶、蛋白质、DNA、抗体、抗原、生物膜等）作为敏感基元，对被分析物具有高度选择性的现代化分析仪器。纳米生物传感器技术是目前新兴的、在综合生物工程学、微电子学、材料科学、分析化学等多门学科地基础上发展起来的一项生物新技术，它把纳米材料和生物活性物质巧妙地与传感器技术、计算机技术结合，是传统的烦琐的化学分析方法的一场革命。纳米农药残留量传感器在农药残留的检验检测中，除了具有上述灵敏度高，可接近常规仪器检验检测标准的优点外，还具有结构紧凑、操作简便、检验检测迅速、选择性好等，许多其它方法不可比拟的优势。

（三）活体检验检测法

活体检验检测法是使用活的生物直接测定。如农药与细菌作用后可影响细菌的发光程度，通过测定细菌发光情况，则可测出农药残留量。又如农药残留会导致家蝇中毒，使用敏感品系的家蝇为材料，用样本喂食敏感家蝇后，根据家蝇死亡率便可测出农药残留量，一般在 4h ~ 6h 内可测出蔬菜是否含超量农药。但该法只对少数药剂有反应，无法分辨残留农药的种类，准确性较低。使用家蝇检验检测蔬菜中的农药残留，过程简单、无须复杂仪器，农户便可自行检验检测，缺点是检验检测时间较长，仅适于田间未采收的蔬菜。

（四）酶联免疫法

酶联免疫吸附剂测定法简称酶联免疫法，利用抗体与酶复合物结合，通过显色进行检验检测。使抗原或抗体与某种酶连接成酶标抗原或抗体，既保留其免疫活性，又保留酶的活性。在测定时，使受检标本和酶标抗原或抗体按不同的步骤与固相载体表面的抗原或抗体起反应。用洗涤的方法使固相载体上形成的抗原抗体复合物与其他物质分开，最后结合在固相载体上的酶量，与标本中受检物质的量成一定的比例。该方法的检验检测效果好，因此发展较好。

（五）分子印迹技术

分子印迹技术原理是将模板分子与功能单体在合适分散介质中依靠相互作用力，如共价键、离子键、氢键、范德华力、疏水作用以及空间位阻效应等，形成可逆结合的复合物；再加入交联剂在光、热、电场等作用以及引发剂和致孔剂辅助下形成既具有一定刚性又具有一定柔性的多孔三维立体功能材料，并且将模板分子有规律地包在其中。合成后用一定方法把模板分子去除，从而获得与模板分子互补有特异识别功能的三维孔穴，以便用于与模板分子再结合。近年来，有关印迹传感器技术在农药检方面的研究不断深入，所涉及的农药品种趋于多样化。已报道的印迹传感器可用于检验检测敌草净、草甘膦、对硫磷、莠去津等10余种农药。

（六）确证技术

对于检出的农药需要进行确证，以证实有该农药的存在，确证方法主要有色谱确证和质谱确证。色谱确证农药的方法有两根不同极性的毛细管柱确证、同一根色谱柱不同的检验检测器确证、不同的色谱柱不同的检验检测器确证等；质谱确证包括气质联用仪、液质联用仪。

综上所述，文主要对食品中农药残留检验检测技术进行分析和研究，介绍当前食品农药残留检验检测的现状，阐述农药残留检验检测的技术的重要性，并详细分析几种检验检测技术，有利于保证食品的安全，更好地保障消费者的合法权益。

第四节　食品安全理化检验检测技术的分析

食品安全理化检验检测主要外在表征是理化指标、农兽药、重金属等问题，应对这些问题的主要方法有理化检验检测法和免疫学检验检测法，这两种方法有特有的优缺点和应用范围。其中，理化检验检测方法又可以分为色谱分析和光谱测定等方法，这些方法依靠分析检验检测仪器，大多能进行定性分析和定性检验检测，灵敏度较高。但部分方法检验检测程序复杂、费用较高。因此，定性分析和定量检验检测在食品生产企业中得到了良好的应用。

一、理化检验检测方法中色谱分析法

薄层色谱、气相色谱、高效液相色谱和免疫亲和色谱是色谱分析中最为常见的几种方法。其中，薄层色谱法是微量快速检验的方式，但是相对于其他的方式，此种方式灵敏度并不是很高。气相色谱方法却具有高效和快速、灵敏度高的特点，但是此方法却不能检验农药。高效液相色谱对被检验检测物质的活性影响相对比较小，与此同时，并不需要特别对样品进行气化，就可以检验检测出其中非挥发性物质和很难测定的残留物等。针对农兽药残留的检验检测，免疫亲和色谱法是把复杂的样品进行离析提取，最终经过处理以后，再对农药进行检验检测，主要针对待检样品应用进行拓展，保证了结果的准确性和安全性。

二、理化检验检测方法中光谱测定法

在原子吸收光谱和近红外光谱分析中，重金属检验检测具有较高的应用价值。换句话说，原子吸收光谱法在无机元素含量测定中具有较大的应用价值。近红外光谱分析对于物质的物理状态没有特殊的需求。针对农药残留和转基因的食品研究中，毛细管电泳法，就可以应用在食品基质成分复杂的检验检测中。而生物传感器主要用于重金属残留物和乳品掺假、植物油掺假等检验检测，其具有灵敏度和识别度相对较高的特点，应用较为广泛，例如茶叶、酒水、乳制品的等级评定等。

三、免疫学检验检测方法中酶联免疫吸附测定

免疫学检验检测法以抗原抗体反应的特异性反应及灵敏度作为检验检测的基础。针对单独的理化现象比较有难度，但是却适用于比较复杂基质中衡量组分的分离或检验检测。在食品安全检验检测中，酶联免疫吸附测定（ELISA）技术是目前应用比较广泛的方式之一，食品中抗生素残留和霉菌毒素等的检验检测试剂盒即以此为基础。其通过酶标记物对抗体进行分辨和识别，放大检验检测信号，提升了检验检测的灵敏度和可靠度、安全度。在 2003 年之前，此类检验检测试剂盒以进口为主要渠道，2003 年之后，国内此类产品也开始兴起，并逐渐取得一定的市场份额。比如呋喃西林代谢物，国内可以生产出符合标准的检验检测试剂盒，灵敏度也达到了标准的要求，达到了高效液相色谱法的检验检测灵敏度，甚至更高，在实际的生活与生产应用中，得到了大量的好评。

四、免疫学检验检测方法中胶体金免疫层析技术

免疫层析（IC）技术是一种把免疫技术和色谱层析技术相结合的快速免疫分析方式。通过酶促显色反应或者使用可目测的着色标记物，五到十分钟，便可得到直观的结果。此种方式，不需考虑标记物，也不需进行分离，在操作方式上，相对简单，方便进行判断，在食品检验检测的市场中适合于快速检验检测。

五、常用检验检测技术比较

除了常用的检验检测方式以外，还有不少应用比较多的方式和方法，例如，高效液相色谱法和酶联免疫吸附测定法、胶体金免疫层析技术，这些方法在食品安全理化检验检测技术中，具有比较大的优势。高效液相色谱法在检验检测样本的过程中，处理复杂、操作较难，成本一般人很难承受，因此，只能应用在大型企业和国家单位中。酶联免疫吸附测定技术目前已有大量商品化试剂盒，检验检测项目覆盖了几乎所有兽药残留、致病微生物等，操作便捷、灵敏度高，相对需要专业化的实验设备。胶体金免疫层析试纸条的方法，操作相对来说比较简单，此方法主要应用在现场快速筛选中。蛋白质芯片等技术还处于实验研究阶段，由于技术和设备的成本限制，应用较少。伴随着科技的不断发展，很多应用比较广泛的检验检测技术，伴随着成本的降低和技术的进步不断发展。

近几年来，免疫检验检测技术在食品安全理化检验检测中得到应用。其中，蛋白质芯片、基因芯片、生物传感器技术等，还要在未来进行研究和探究，不断随着科技发展与时俱进。

第五节　食品包装材料安全检验检测技术分析

改革开放以来，我国的经济得到了迅速的发展和进步。随着经济的快速发展和进步，我国在食品包装材料安全检验检测技术方面也取得了显著的成就。人们的生活水平得到了大幅度的提升，人们对于食品包装材料安全问题越来越关注了，同时对食品包装材料安全提出了越来越高的要求。为更好地满足人们的需求，提高人们的身体健康素养，我国相关政府在食品包装材料安全技术方面投入了大量的资金和精力，也取得了令人举世瞩目的成就。本节对目前我国食品包装材料安全问题以及相关技术方面做了简要的分析和探讨。

在食品包装材料安全检验检测的过程中，安全检验检测技术起着极其重要的作用。

近几年来，我国经济得到了快速的发展和进步，但在食品包装材料安全方面却出现了一系列的问题。如我国的食品竞争压力越来越大，许多食品生产企业为获得更多的经济收入，在进行食品包装时，不能严格地按照国家规定的标准进行包装和操作，许多企业在包装时选择一些对人们身体健康有害的材料，给人们的生命安全带来极大的威胁。因此，为尽快改变这一现状，提高食品包装材料的安全性，我国相关政府必须不断加大对于食品包装材料安全检验检测的力度，加大对于食品包装材料安全检验检测技术的投入力度，不断地提高食品包装材料安全性。

一、食品包装材料安全检验检测存在的问题

尽管我国相关政府在食品包装材料安全检验检测方面投入了大量的资金，也针对我国的食品安全材料检验检测现状提出了一系列相关的法律法规，但这些法律法规存在着许多的问题。如许多法律法规的针对性较差，无法针对食品包装材料安全检验检测的具体问题进行解决。此外，我国的法律法规过于形式化，许多法律法规无法被真正的应用到实际中。同时，我国的食品包装材料安全检验检测设备存在着诸多的问题。例如，由于我国的贫富差距比较大，在经济比较落后的地区，食品包装材料安全检验检测机构的检验检测设备较落后，已远远不能满足现代人们的安全需求。同时，由于受经济的约束，许多经济落后地区的安全检验检测人员素养较低，检验检测能力较差，这也是造成食品包装材料安全检验检测存在问题的主要原因之一。

二、提高食品包装材料安全检验检测的有效对策

（一）加强对于食品包装材料安全检验检测技术的重视程度

为更好地提高我国食品包装材料的安全性和食品包装材料安全检验检测技术水平，我国政府相关部门必须不断地提高对于食品包装材料安全检验检测技术的重视程度，增加食品包装材料安全检验检测技术开发的资金投入力度。例如，相关政府应尽快建立健全与食品包装材料安全检验检测有关的法律法规，根据我国食品包装材料安全检验检测存在的问题制定相对应的政策，并将这些政策应用到实际中。同时，还应该加强这些法律法规的执行力度。另外，相关政府应尽快在各个地区成立食品包装材料安全检验检测机构，并对于一些经济比较落后的地区，给予一定的经济资助。

（二）加大对于食品包装材料安全检验检测技术人员的培训力度

在食品包装材料安全检验检测的过程中，食品包装材料安全检验检测技术人员扮演着十分重要的角色，检验检测技术人员的技术水平，对于保障所有食品的安全性具有至关重要的作用。因此，相关部门必须要不断加大对于食品包装材料安全检验检测

技术人员的培训力度，尽快提高他们的食品包装材料安全检验检测技术水平。

如相关部门可首先加大对于各个食品包装材料安全检验检测机构的资金投入力度，使各个机构都可对安全检验检测技术人员进行定期的培训。此外，对于食品包装材料安全检验检测机构而言，各个机构必须要定期地对安全检验检测技术人员进行培训，在培训的过程中，机构可邀请专业的安全检验检测技术专家来进行培训，在培训结束后，机构还应对所有安全检验检测技术人员进行培训成果进行考察，对于考察不合格的安全检验检测技术人员应给予一定的惩罚，而对于考察成绩优秀的技术人员应给予一定的奖励。

为更好地提高食品包装材料的安全性，减少食品包装材料对于人们身体的危害性，必须不断提高对于食品包装材料安全检验检测的重视程度，加大对于食品包装材料安全检验检测的资金投入力度。此外，相关政府还必须加大对于食品包装材料安全检验检测技术人员的培训力度，提高安全检验检测技术人员的技术水平。最后，相关政府还应建立健全我国与食品包装材料安全检验检测有关的法律法规，增强法律法规的执法力度，确保所有食品包装材料安全检验检测机构在进行检验检测时严格按照国家的规定。

食品接触材料与食品安全密切相关。国家在食品安全市场准入制度中规定，只有合格的原材料、食品添加剂、包装材料和容器才能生产出符合质量安全要求的食品，因此食品接触材料的安全性是食品安全的重要组成部分。加强食品接触材料安全监管，更好地保护消费者的生命健康安全，已经成为政府监管部门和相关从业者的共同挑战。本节结合食品接触材料安全性及检验检测技术进行分析，提高广大消费者对食品接触材料安全性的认识，从而有效保护消费者健康和权益。

现如今，人们在购买食品时十分注重食品的外接触以及内接触材料，因此食品生产商对食品接触材料的重视程度也逐渐提高，此外，食品生产商也需要提高对食品接触材料的成本关注。食品接触材料主要是作为容器盛装食品，避免食品受到外界污染，使食品的可食用时间得以延长。食品接触材料与食品直接接触，在温度、光照等因素影响下，食品接触材料中的部分物质可能会迁移到食品中，导致食品受到污染。若消费者食用了受污染的食品，将会影响身体健康，所以需要通过一定的安全检验检测手段来监测食品接触材料的安全性，从而使消费者的健康、安全得到保障，同时满足行业发展的需要。

三、食品接触材料对食品安全性的影响

（一）纸和纸板类食品接触材料

在食品接触材料中，纸是最为传统的。纸类接触材料价格低，便于运输，生产有很好的灵活性，其造型也比较容易，因此在生活中有着极为广泛的应用。人们一般将

纸作为纸杯、纸箱、纸盒、纸袋等包装材料直接接触食品，现在常用的纸类食品接触材料主要有牛皮纸、半透明纸、涂布纸、玻璃纸和复合纸等几类，但纸类接触材料也是有一定安全隐患。

纸类接触材料中，有些是利用废纸生产的，材料收集中会有一些霉变的纸张，这类纸张经生产之后也会存在霉菌以及致病菌等，使食品腐蚀变质。同时，回收的废纸中还可能有镉、多氯联苯、铅等有害物质，使得人们出现头晕、失眠等症状，严重的甚至会造成癌症。

有些食品工厂在使用纸质食品接触材料时，没有使用专用的油墨，而是非专用的油墨，其中有很多甲苯等有机溶剂，导致食品中苯类溶剂超标。苯类溶剂毒性大，如果进入到人的血管、皮肤中，会使人的造血功能受到影响，导致人的神经系统受到损害，严重的会出现白血病等情况。

造纸过程中常需要将染色剂、漂白剂等添加剂加入到纸浆中，纸张通过荧光增白剂处理之后，其中会有荧光化学污染物，其会在水中快速溶解，易进入到人体中。如果人体中有荧光增白剂进入，人体吸收之后就无法顺利分解，导致人的肝脏负担加重。医学表明，荧光物质会导致细胞变异，若数量过多，甚至会引发癌症。

（二）塑料食品接触材料

塑料材料是目前涵盖种类、数量最多，使用最频繁的一类包装材料，特别是现代生活中。在食品行业中，塑料材料的应用范围极为广泛，其中有 60% 左右选择塑料材质作为食品接触材料。塑料是高分子聚合物，由高分子树脂与多种添加剂共同构成，其重量轻、加工简单，能够很好地保护食品，并且运输起来更加便利。塑料接触材料中，树脂、添加剂等会对食品的安全产生影响。

树脂本身没有毒性，但降解之后的产物、老化产生的有毒物质会极大地影响食品安全。比如，保鲜膜中含有氯乙烯单体，若生产中聚氯乙烯没有完全聚合，残留的氯乙烯就会成为污染源。氯乙烯单体能够起到麻醉的效果，人的四肢血管会吸收，进而出现疼痛，并且会致畸、致癌。

塑料生产中常使用添加剂，如胶粘剂等，其主要成分是芳香族异氰酸，利用该材料制作塑料袋，高温蒸煮之后就会产生芳香胺类物质，这类物质可致癌。塑料比较容易回收，常被反复使用，若直接用回收的塑料材料接触食品，食品安全必然会受到极大的影响。塑料接触材料的回收渠道比较复杂，回收容器中残留的有害物质也无法保证彻底清洗干净。还有些厂家回收塑料时使用大量的涂料，会残留大量的涂料色素，导致食品受到污染。而且由于监督管理不到位，很多医学垃圾塑料被回收利用，成为食品安全的重要威胁。在食品接触生产加工中，加入的着色剂、稳定剂、增塑剂等质量有问题，因此易产生二次污染，严重威胁食品的安全。

（三）金属食品接触材料

金属材料作为食品接触的重要材料，其容易回收，并且有耐高温、高阻隔的优势，但金属材料不耐酸碱，并且其化学稳定性不强。

金属接触材料主要涉及涂层金属类和非涂层金属类。涂层类金属接触材料中，其表面涂布的涂料中可能有游离甲醛、游离酚以及其他有毒单体溶出。对于非涂层金属类接触材料，其会溶出有毒有害的重金属。当前，主要的金属接触材料是铁、铝、不锈钢及各种合金材料，如铝箔、无锡钢板等，铁制品中镀锌层与食品接触，锌就会转移到食品中，使人们出现食物中毒。对于铝制品，铝材料中有锌、铅等元素，如果人体摄入量过多，逐渐积累，会导致慢性中毒。

（四）玻璃、陶瓷、搪瓷类食品接触材料

在食品接触材料中，玻璃也比较常见，但其化学成分有差异，因此玻璃主要有铅玻璃、钠钙玻璃、硼硅酸玻璃等种类。玻璃无毒无味，卫生清洁、化学稳定性强，并且有很好的耐气候性。但由于玻璃具有一定的高度透明性，因此对于一些食品是不良的，易发生化学反应，从而产生有毒物质。玻璃接触容器中的有毒物质比较单一，主要包括砷、铅、锑，而且通常其向食品中迁移量不多，一般不会对人体造成太大的危害。

我国的陶瓷制品使用历史悠久，陶瓷的研究在世界上也居于前列。陶瓷接触材料的问题主要在于陶瓷表面涂料或釉彩中重金属铅、砷、镉等含量可能超标。有研究表明，彩釉中含有的镉及其他重金属迁移到食品中，会严重威胁人类的健康。

搪瓷是在金属表面涂覆一层或数层瓷釉，通过烧制，两者发生物理化学反应而牢固结合的一种复合材料。有金属固有的机械强度和加工性能，又有涂层具有的耐腐蚀、耐磨、耐热、无毒及可装饰性。搪瓷和陶瓷制品一样，其卫生安全问题来源于表面涂料或彩釉，着色颜料也会有金属迁移，有研究表明，已上釉彩的包装容器，如使用鲜艳的红色或黄色彩绘图案，铅或镉会大量溶出。

（五）橡胶和硅橡胶类食品接触材料

橡胶作为一类重要的化工材料，在食品工业中的作用日益扩展，越来越多地应用在食品接触材料领域中。相对于其他食品接触材料，橡胶拥有独一无二的高弹性性能，同时还具备密度小，绝缘性好，耐酸、碱腐蚀，对流体渗透性低等优势，这些特性使橡胶类制品，广泛用于与食品接触的婴幼儿用品、传输带、管道、手套、垫圈和密封件等产品中。

橡胶输送带、管道、手套等产品与食品接触基本是动态的，接触时间相对较短，接触面积与食品体积或质量的比值很低，这种情况下的橡胶组分迁移一般较少，甚至可以忽略，因而安全风险相对较低。但对于奶嘴之类的婴幼儿用品，由硫化促进剂等引起的亚硝胺问题需要特别关注。盖子、垫圈、密封件等，由于在密封食品的过程中

需要进过高温杀菌处理，所以这里接触材料中的有毒有害物质，尤其是增塑剂等，易迁移至食品中，对人体产生一定的危害。

与各类橡胶材料相比，硅橡胶具有优异的耐高低温、耐候、耐臭氧、抗电弧和电气绝缘性等特性，同时耐某些化学药品、透气性高，并且具有良好的生理惰性，无臭无味，因此在食品接触材料制品中应用越来越广泛，逐渐取代了橡胶制品的主导地位。

（六）其他食品接触材料及辅助性材料

竹、木等天然材料自古就被用作食品加工或承载工具，随着加工工艺技术的发展和油漆、涂料等辅料的使用，竹木类产品性能进一步改善，品种和用途也更加多样化。

再生纤维素薄膜，又称赛璐玢。它高度透明，纸质柔软光滑，有漂亮的光泽；挺度适中，拉伸强度好，有良好的印刷适性；无孔眼，不透水，对油性、碱性和有机溶剂有较好的耐受性；不带静电，不会自吸灰尘。再生纤维素薄膜是一种常见的食品包装用纸，多用于包装糖果，也可用作其他包装的内衬。

为延长食品货架期，活性及智能食品接触材料被逐渐引入到食品包装应用中，以添加或去除食品中的某些成分，来尽量延缓食品变质，甚至改善食品的感官品质。这种材料主要作为包装材料的成分或附件，其本身并不独立使用。

大多数食品包装都离不开印刷油墨及涂料等辅助材料，通过印刷图案、文字展示产品信息，将信息直接传递给消费者，使产品在货架上备受瞩目，提供品牌推广机遇。尽管油墨一般印刷在包装的外表面，并未与食品直接接触，但研究表明，印刷油墨中成分仍可能通过其他途径迁移到食品中，影响人体健康，尤其是重金属、芳香胺、多环芳烃、溶剂残留等污染较为严重。

四、食品接触材料安全性检验检测策略

（一）建立健全食品接触材料卫生标准

当前，我国的食品接触材料卫生标准等并不完善，因此需要建立科学全面的食品接触法律法规等。将卫生部门与工商管理部门结合起来，从而使法律法规的制定有科学的依据。政府部门需要优化与改进当前的法律法规，对于不同种类的食品接触材料，需要结合其实际成分含量进行科学的规定。积极学习借鉴欧美等西方国家的经验，并结合我国市场的特点，对不同食品、食品接触材料等提出针对性的技术指标。

（二）强化食品接触企业的自律

我国的政府部门需要对食品企业进行诚信教育、法制教育，通过科学化的教育方法对企业进行教育培训，从而强化企业的法律意识，并使企业能够自律。企业在生产中，需要科学的选择和控制原材料，不能为减少成本支出就使用廉价、不达标的接触材料。

（三）健全食品材料检验检测体系

食品接触材料的成型工艺、分子结构以及加工助剂等有差异，因此食品接触材料直接的差异也较大，食品接触材料的检验检测工作也有一定的复杂性。因此需要建立完善的食品接触材料检验检测中心，结合国家的相关标准，有效的检验检测不同接触材料的性能特点。强化食品接触材料的检验检测技术，找到高效快速的检验检测方法，使食品接触中残留的重金属、单体等有毒有害物质等，能够得到有效检验检测，提高检验检测水平。

（四）使用新型接触材料

我国的相关机构以及科研部门需要通过多样化的方法争取资金支持，从而强化食品接触材料的投入。当前在对食品接触材料研究中，其主要目标是延长货架期，实现高阻隔，并减少接触材料对食品产生的影响。目前，有些食品中已经开始使用可食性接触材料，这些食品接触材料的安全性较高，不仅可食用，而且不会对人体、环境等造成负面影响。

（五）强化接触材料安全检验检测技术人员培训

在食品接触材料的安全性检验检测中，检验检测技术人员发挥着极为重要的作用，检验检测人员的技术水平将对食品安全造成重要的影响。所以需要强化食品接触材料安全性检验检测人员的教育培训，使其检验检测水平得到提高。相关部门要加强食品接触材料安全检验检测机构资金的投入力度，定期组织安全检验检测技术人员培训，并邀请专业化的安全检验检测专家开展讲座培训等，并对安全检验检测技术人员的培训成果进行考核，考核不合格的给予惩处，考核优秀的给予一定的奖励。

当前，食品安全中，食品接触材料的安全性极为重要，食品接触材料与食品直接接触，其安全性将对食品安全、消费者的身体安全造成直接的影响。食品接触材料安全问题是当今世界食品安全的重要环节，因此，科学的检验检测及安全性评价体系显得尤为重要。

第六节　食品中氯霉素残留检验检测技术的进展分析

本节介绍了检验检测食品中氯霉素残留量的微生物检验检测技术、光谱检验检测技术、色谱检验检测技术、快速测技术。分析了检验检测技术的未来发展趋势。

研究发现，蛋、肉、奶等动物性食品中存留的氯霉素，可以在一定程度上影响人们的健康，长期摄入这种元素，会导致病菌出现抗药性，机体正常菌群出现失调问题，致使人们容易出现各种疾病，因此食品中残存氯霉素的检验检测就显得十分重要。

一、食物中残留氯霉素的来源

氯霉素类抗生素可以治疗和控制家禽、水产品、家畜等的传染性疾病，曾经广泛应用在畜牧业中，所以动物性食品中可能残留氯霉素。氯霉素会对人们的健康造成影响，不少国家都出台了禁止使用氯霉素类药物的相关法律法规。但是由于氯霉素价格低廉、效果好，不少企业仍在违规使用。

二、食品中氯霉素残留检验检测技术

（一）微生物检验检测技术

微生物检验检测技术主要包括两种形式：一是基于抗生素能够抑制微生物生长的特点来实施；二是基于对氯霉素发光微生物比较敏感，从而出现生化特性来实施。例如，鳆发光杆菌会受到氯霉素影响，抑制其发光作用，可以利用发光强度来检验检测其内部的氯霉素含量。这种微生物方式具有容易操作、经济简便等特点，可以检验检测多种抗生素类药物，但是具有比较低的特异性和敏感性，不适合大批量检验检测，并且会出现假阳性的结果，导致出现错误判断。

（二）色谱检验检测技术

近年来，不断出现联用各种仪器设备的分析方式，促使色谱检验检测技术具有更加良好的检验检测分析能力。这种检验检测技术已经大量应用在检验检测各类食品的氯霉素存留中。目前，GB/T 22338—2008 标准规定的动物源性检验检测食品中残留氯霉素含量的液相色谱质谱和气相色谱质谱技术，比较适合使用在监测畜禽产品、水产品以及副产品中甲霉素、氯霉素等残留量的定量和定性分析中，除此之外，还有其他类型的色谱检验检测技术，例如，在检验检测蜂蜜、牛奶、禽畜肉、奶粉等产品时，使用的高效液相色谱串联质谱检验检测技术，在乳制品中检验检测氯霉素含量的高效液相色谱电喷雾离子检验检测技术等。色谱检验检测技术具有准确性高、灵敏度高等优势，但是在处理前期样品时，由于成本比较高、专业性强、操作复杂，不适合进行快速大批量检验检测。

（三）光谱检验检测技术

光谱检验检测技术主要是通过物质形成特征光谱来定量、定性分析。在检验检测食品中的残留氯霉素时，可以应用以下光谱技术，包括近红外光谱、紫外光谱、可见光谱等。实践表明，光谱检验检测方式具有成本低、操作方便等特点，但是具有低的选择性，并且近红外光谱检验检测方式需合理结合化学计量技术，以便于达到分解数据的目的，具有很强的专业性。

（四）快速检验检测技术

快速检验检测技术具有经济简便、快速灵敏的特点，比较适合应用在快速检验检测大量样品时，能够快速及时发现检验检测样品中存在的问题，在分析食品和药物、保护环境等方面具有一定作用和应用前景。

1. 免疫速测技术

免疫检验检测技术主要是利用结合抗体和抗体特异性为基础的分析方式，主要包括固体免疫传感器、放射免疫法、酶联免疫吸附试验。相比较酶联免疫吸附试验，放射免疫法具有比较高的灵敏度，但是这种技术存在放射性污染，同位素半衰期短，会在一定程度上影响人们的健康和环境，所以，普遍使用的是酶联免疫吸附试验。酶联免疫吸附检验检测技术存在灵敏度高、特异性强以及操作简单等特点，可以进行批量检验检测，并且分析成本低以及仪器化程度低，是现阶段比较理想的一种检验检测氯霉素残留物的方式。酶联免疫吸附试验由于存在比较多的影响因素，很容易形成假阴性和假阳性结果。从理论上来说，样品中有类似于氯霉素的结构时，容易出现免疫交叉反应，促使形成假阳性结果，因此，可以使用这种技术检验检测阳性结果。该检验检测技术比较适合使用在大量样品筛选和现场监控中，具有良好的应用前景。

2. 传感器检验检测技术

检验检测氯霉素残留时应用比较广泛是化学传感器和生物传感器。

生物传感器是通过选择性识别生物活性物质来进行检验检测的，具有很强的特异性和灵敏度。依据不同的生物识别元件，可以把生物传感器分为免疫传感器、酶传感器以及微生物传感器等，其中最受关注的是免疫传感器。在快速检验检测氯霉素时，已经逐渐开始应用以适配体作为识别不同生物元件的适配体传感器，这种方式具备很好的选择性，其中氯霉素结构类似物不会影响 CAP 的结果，检验检测限制是 1.6 nmol/L。

化学传感器主要是通过电化学反应基本原理，把化学物质浓度变为电信号进行检验检测。利用金电极作为基本工作电极，选择检验检测电位，可以适当高选择性的检验检测氯霉素，检验检测限制是 $1.0\,\mu mol/L$。利用聚乙烯亚胺纳米金来合理修饰玻碳电极，能够检验检测牛乳中的氯霉素残留物，该方法具有 96.8% 的检验检测回收率，准确率可达 99%，检验检测每份样品的平均时间是 4 min。

分子印迹仿生传感器具有相对较高的特异性和灵敏度，检验检测限制是 2 nmol/L，在检验检测牛奶样品时，具有 93.5% ~ 95.5% 的检验检测回收率。

3. 生物芯片检验检测技术

生物芯片检验检测技术是依据生物分子之间存在相互作用特异性的原理，在芯片上集成生化分析过程，以达到快速检验检测蛋白质、细胞、生物活性成分的目的。分为蛋白质芯片、基因芯片、组织芯片、细胞芯片，具备灵敏度高、方法快速简单、重复性好的特点，比较适合使用在大规模检验检测磺胺二甲嘧啶和氯霉素中。悬浮芯片技术是新型的生物芯片检验检测技术，利用液相中悬浮的荧光微球进行检验检测，具有特异性很强、快速灵敏、高通量的特点。

随着分析检验检测水平的不断提高，逐渐出现了各种类型的残留氯霉素检验检测技术，主要发展方向是建立高选择性、高灵敏度的复杂仪器机制，开发自动智能、灵敏快速的检验检测技术。快速检验检测技术由于经济简便、成本低、适合使用在大批量样品检验检测中，已经得到广泛关注和重视，在分析残留氯霉素以及保护环境等方面具备一定应用前景。

第七节　瘦肉精在肉类食品中的残留问题及检验检测技术分析

在经济的快速发展下，人们的生活质量也在不断地提高，在这样的情况下，人们对食品的质量和安全性也提出了更好的要求，而肉类食品在人们的日常生活中占据了较为主要的位置，部分养殖企业为了提高自身的经济效益，往往会在饲料当中添加较多的瘦肉精来增加瘦肉率，改善肉的外观，而这些超标的瘦肉精会给人们带来较大的危害。本节对瘦肉精在肉类食品中的残留问题及检验检测技术进行分析。

瘦肉精为临床用于治疗哮喘的平喘药总称。其代表物学名为克伦特罗。当人们发现科伦特罗在加入到动物饲料当中，能够显著增高牲畜的瘦肉率，并且改善瘦肉的整体外观。并陆续发现其他平喘药，如莱克多巴胺、沙丁胺醇等等，均有与克伦特罗类似的作用。部分养殖企业就开始违法在饲料中添加瘦肉精，而这对人们的身体健康影响较大。目前，社会对牲畜养殖行业的瘦肉精添加问题重视程度较高，而肉类安全问题也成为目前社会各界所关注的主要问题。

一、瘦肉精在肉类食品中的残留问题

20 世纪 80 年代，美国的一家公司发现在饲料中加入一定量的克伦特罗能够促进骨骼蛋白质的合成，提高动物的生长速度。克伦特罗在动物体内能够强制性的对脂肪进行分解，并且合成蛋白质，这样能够使动物的肌肉更加突出，整体瘦肉率提高了10% 以上，而且动物在经过屠宰之后，肌肉的整体颜色鲜亮红润，具有较好的外观，所以说，克伦特罗也被称为瘦肉精。但是，为了达到相应的效果，一般情况下，饲料中瘦肉精的添加量一般为人体可承受量的 10 倍，而且，瘦肉精在动物的内脏中会大量残留，在肌肉中的残留量较少，人在食用这些添加瘦肉精的肉类后，摄入的瘦肉精会在人体内有着较长时间的半衰期，并且代谢速度较慢，在这样的情况下，人一旦进食超过人体可承受剂量的瘦肉精，很容易会产生各种不良反应，比如呕吐头晕恶心等。在严重的情况下，可能会出现呼吸衰竭甚至死亡的现象。所以说，瘦肉精对人体的危害程度较大。根据以上所叙，从1986年开始，欧美国家已经设立相应的法律法规，对瘦肉精类药物的使用进行规定。1997年，我国农业部也明确规定在动物生产当中不能使用瘦肉精。但是，部分不法养殖企业为了提高自身的经济效益，没有根据国家的相应法律法规，在饲料中违法添加大量的瘦肉精，严重威胁了人们的生命安全，影响了社会稳定。2001年，在广东省河源市发生过相应的瘦肉精事件，使大量市民出现中毒呕吐等症状，从此之后，国家对瘦肉精事件关注程度较高，为了维护社会稳定，保证人们的身体健康，需要采取相应的检验检测方法，对肉类食品中瘦肉精的残留程度进行检验检测。

二、瘦肉精的检验检测方法

目前国内外没有形成规范化的克伦特罗检验检测技术和主要方式，所以，目前的克伦特罗检验检测方法，一般包括以下几个方面：

（1）首先是感官辨别。感官辨别是通过对猪肉颜色、肌肉分布等情况的识别，来对其中是否含有瘦肉精进行辨别，一般情况下，其主要辨别方法体现在以下几个方面：首先是通过对猪肉颜色进行辨别，通常情况下，健康的猪肉颜色为淡红色，并且肌肉纤维分布较为密实，整体肉质弹性较好，不会有较多的黏液；而瘦肉精含量较多的猪肉颜色呈现出鲜艳的红色，同时猪后腿较为发达，可观察到的脂肪较少，瘦肉和肉皮紧紧相连，在对猪瘦肉纤维进行仔细观察后可以发现，猪肉纤维连接不密实，肉面上常常会有一定量的黏液分泌，在这样的情况下，可以基本判定猪肉当中存在瘦肉精。另外，还可以将猪肉切成10cm左右的长度，然后将其立于桌面上，如果猪肉整体较为柔软，不能立于桌面，就可以判定猪肉中含有一定量的瘦肉精；最后，可以对猪肉中脂肪和瘦肉之间的连接状态进行观察，如果肥肉和瘦肉明显分离，并且两者之间有黄色液体流出，这样的猪肉中可能含有一定量的瘦肉精。

（2）生物传感技术。生物传感技术是目前应用较为广泛，同时精确性较高的瘦肉精检验检测技术，指的是将生物传感器与电脑相互连接，这样可以对动物的血清或者尿液中的瘦肉精含量进行检验。比如在双汇食品有限公司，就采用了这样的生物传感技术来对瘦肉精进行检验，对每一头经过的半宰杀猪的猪尿泡进行提取，并且对其尿液中的瘦肉精进行检验检测，以此来保证猪肉的整体质量。

（3）酶联免疫吸附法。酶联免疫吸附法主要指的是让抗体与酶复合物进行结合，然后进行显色检验检测。在检验的过程中，可以使抗原或者抗体相互结合，然后保证其免疫活性，利用这样的方法可以制备酶偶尔克伦特罗，这种化学试剂会与肉类产品中的克伦特罗进行相互结合，并且产生一定的化学变化，而人们就可以通过其中的实验结果，也就是有色物的变化程度，来对克伦特罗的量进行测量。这种方法比较麻烦，不适用于肉类加工企业中瘦肉精的检验。

（4）色谱技术。质谱法的主要优点是把色谱高效快速的分离效果和质谱高灵敏度的定性分析有机合起来，能在多种残留物同时存在的情况下，对某种特定的残留物进行定性、定量分析，而且具更高的检验检测极限。一般情况下，色谱技术主要包括质谱法和高效液相色谱法等，主要指的是借助相应的仪器来对瘦肉精定性定量的进行检查，这些检验检测方法的精度较高，但是在检验检测的过程中必须依靠昂贵的设备作为支持，同时操作流程比较麻烦，需要大量的时间来对检验检测结果进行判定，所以说，这种检验检测方法的实用性不强。

目前，食品安全问题一直都是社会所关注的主要问题之一，瘦肉精的违法添加，严重危害了人们的生命健康，同时也对社会稳定性造成了较大的影响，在这样的情况下，需要采取相应的手段来对食品安全进行管理，其中最为有效的方法是对生产源头进行控制，在对肉类产品中瘦肉精进行检验检测的过程中，可以采用感官辨识、生物传感技术和酶联免疫技术来对其进行检验，在这样的情况下，才能有效地对瘦肉精进行防范，从而保证食品的健康安全，推动我国肉类食品加工行业的进一步发展。

第四章 检验检测机构检验检测过程管理

第一节 抽样和样品管理

一、抽样管理

抽样检验检测技术属于质量技术监督工作中的一个重要部分，是质量技术监督工作的不可缺少的步骤，检验检测的结果可以给相应的行政处置提供可靠依据，对处置的结果具有至关重要的作用。可见，合理可靠的质量检验检测时非常重要的。但是有些质检部门对抽样检验检测不够重视，对抽样检验检测的知识也了解比较片面，在实行的过程中又没有起到良好的监督，导致抽样检验检测的结果偏离事实，造成质量上事故的发生，影响重大。因此，对于抽样检验检测技术，人们应该具备全面的了解。

（一）抽样检验检测的概念

抽样检验检测是通过随机抽取一批产品中的其中几个或者几十个进行检验检测，看该产品是否合格，利用统计原理以及概率论原理进行分析，看该产品整体是否具备合格的质量。现在的抽样检验检测按照检验检测的目可以分为三种，首先是监督抽样检验检测，起到一种监督的作用，是由第三方来对该产品进行检验检测判断其是否合格是否可以生产；其次是验收抽样检验检测，起到验收的作用；最后是交易抽样检验检测，起到交易的作用。

（二）质量监督中抽样检验检测的特点

在进行质量技术监督工作时，抽样检验检测具有独特的特点：

首先是突然性。第三者对企业产品进行抽检时是未提前通知商家的，属于突击检查令商家没有任何准备，第三方面临的是一个实际的状况，更能反映产品的真实质量，使得抽检的结果更为可靠真实符合实际。

其次是权威性。一般实行质量监督检验检测的第三方属于监管部门，直接受命于政府组织，对受检方具备完全的权威，在检查过程中可以要求受检部门如实提供样品以及进行配合。

最后质量技术监督中的抽样检验检测还具备开放性的特点，当受检部门以及企业有相关问题或者建议提出时，监管部门应该按照要求进行回答以及解释，这些问题可以包括质检的程序以及评定原则等，对其提出的建议进行合理参考。

（三）抽样检验检测中存在的问题

1.抽样检验检测不够规范

虽然目前已经具备抽样检验检测的具体规范，但是由于工作人员在实行过程中，往往不能严格按照标准进行抽样检验检测，抽样检验检测行为比较随意，直接影响到了抽样检验检测的结果。例如在抽样检验检测的过程中由于懒散不按照标准要求进行相应数量的检验检测，使得抽检试样数量不够，导致一些商家逃过检验检测的结果，造成严重的后果；再如有些检验检测人员知识掌握不到位，在检验检测的时候不能做到准确合理的评定，错评或者漏评产品的质量，导致质量不过关的产品被错判为合格产品，直接对市场造成不好的影响；最后，有些工作人员自身素质不够，例如在检验检测的过程中脱离岗位或者受人贿赂，都会使得检验检测结果出现问题。像这种不规范的行为，对于产品的质量检验检测结果有很大的影响，使得检验检测结果不再具备可靠性以及保障性。

2.抽样设备过于陈旧

在质量检验检测过程中，抽样检验检测设备也非常重要，如果抽样检验检测设备过于陈旧，在检验检测过程中，一是容易出现故障导致检验检测无法进行，二是设备陈旧检验检测结果容易出现偏差，三是设备陈旧无法跟上产品的节奏不能运用到新型产品的检验检测上，因此对于检验检测的结果来说影响非常大。可见，抽样检验检测的设备要进行定期检修以及更换，并且要保证检验检测设备数量以及质量的足够，才能保证质量抽样检验检测的结果具有准确性。如果因为设备陈旧的问题导致检验检测结果出现问题，会引发一系列的后续事故，影响严重。

3.抽样检验检测相关技术的培训不够

抽样检验检测相关技术包括对样品的制备、运输、储存、检验检测、分析等技术，这些技术都会直接影响检验检测结果的可靠性。现在很多检验检测人员，由于缺乏专业的培训，对相关知识掌握不够，因此不能完全正确地对样品进行检验检测，导致检验检测结果不具备保障性。

（四）提高抽样检验检测技术的对策

1.宣扬职业道德，提高责任意识

对于抽样检验检测工作人员来说，具有高尚的品德以及职业道德非常重要，因为在这个岗位会面临着受检部门的诱惑，有些受检部门为了免检会贿赂相关人员，更改

抽检结果。因此检验检测人员一定要具备职业道德坚持立场，完成自己的工作。另外也要具备责任意识，严格按照相关要求以及标准进行检验检测，确保检验检测结果的正确性，若是遇到弄虚作假的部门要进行严厉对待，戳破真相进行严格检查。

2. 更新检验检测的设备

对于检验检测的设备加人投资，即时进行更新，并且要确保检验检测设备的数量以及质量。在每次的抽检开始和结束之后，都要针对抽检时采用的设备进行维护和保养，定期的进行检验检测设备的检查，针对不同的产品要有不同的检验检测设备，如此才能确保检验检测结果的可信度。

3. 加强抽检人员的培训

监管部门应该成立一支专业的抽样队伍，培养他们的专业技能，并且教育他们掌握相关的法律知识，一方面提醒他们遵守法规，另一方面也帮助他们学会维护以及合理使用自己的权利，除此之外，也可以提高他们的学习以及探索能力，对抽样检验检测的方案能够进行精华，进一步提高检验检测结果的准确性以及可靠性。

综上所述，抽样检验检测技术对于职能部门和政府部门对企业产品和服务质量进行监督的主要手段。要想提高抽样检验检测的效率和水平，就必须在实际的工作中认真落实相关抽样基数的条规，加强抽检技术人员的队伍建设，同时及时的更新检验检测设备，保证检验检测过程中的实效性。

二、样品管理

样品管理是食品检验检测工作的一个重要环节，样品的质量直接影响到检验检测结果的准确性、公正性和有效性，本节介绍了检验检测机构样品的管理内容，对样品的接收、标识、制备、流转、存储和处理等环节进行阐述，并就样品管理的质量控制进行探讨。

检验检测机构的样品管理是检验检测过程中的重要环节，是保证检验检测数据准确性和可靠性的前提。任何环节的偏差，都有可能影响到样品的代表性、可靠性及数据的准确性。因此，加强对样品管理的质量控制，提高样品管理的质量，从而确保整个检验检测工作的质量。

（一）样品的接收

检验检测机构的样品一般分为两种：一种为委托检验样品，另一种是抽样检验样品。

1. 委托检验样品的接收

客户将样品送至样品接收部门后，填写委托单，委托单内容应包括：委托单位名称、样品名称、联系人、联系方式、执行标准、要求的检验方法、样品量、要求的检验指标、报告份数和要求报告期限等信息。经办理人员将样品与委托单信息进行核对，重点核对样品名称、数量、执行标准、检验指标等，确认样品状态、包装，必要时，还应对检验要求进行合同评审。如均符合相关要求，客户和经办人员在委托单上签字确认；如不符合相关要求，应不予受理；如为邮寄样品，应对其进行拍照，及时联系并告知客户。

2. 抽样检验样品的接收

抽样人员将抽取的样品送至样品接收员处，样品接收员必须检查抽样单信息是否齐全，并依据抽样单对样品进行核对，主要检查样品的规格型号、数量、样品类型及等级等基本信息，对样品的状态、完整性、符合性、有效性以及对于检验要求的适宜性进行检查并记录。检查应做到完整性、有效性和符合性。经验收与抽样单不一致或不符合检验要求的样品，应及时告知抽样人员。

3. 样品的识别与标识

样品接收员应对已接收样品进行识别，并进行唯一性标识，以保证样品在制备、流转、检验、贮存和处理等过程得以识别，不与其他样品混淆，还可确保样品的可追溯性。样品唯一性标识是样品管理的关键，样品的标识一般包括样品编号和样品状态标识。每个样品均应有其唯一性编号，一般以样品类别编号＋年代号＋流水号作为样品编号。样品状态标识包括留样、待检、在检、已检，以保证样品在实验室的流转、保存及处理。

（二）样品的流转

样品流转至实验室后，各检验检测组应对样品进行交接验收，查看样品状态是否正常、信息是否齐全、检验检测项目与方法是否合理，并做好相应的流转记录，在样品标识上钩选相应状态，以保证在流转过程中样品的代表性、完整性和有效性。若发现样品异常，如包装破损、内容物变质，或检验检测要求不合理等，应及时通知业务部，由相应业务员与客户联系，说明情况，并对样品进行确认，保留相应的记录。

样品流转过程中，还应保证样品的安全，防止样品混淆、污染或丢失，并在样品检验检测完成后，将剩余样品及时归还给样品管理员。

（三）样品的制备

样品的制备是检验检测工作中的重要环节，是准确检验检测样品的第一步。制备样品前应认真学习并掌握产品的相应标准、试验方法、环境条件及技术要求，并保证制样场所的环境条件符合规定要求。制备样品时应保持其原有的理化指标，选取需要检验检测的部分，依照检验检测要求进行破碎、研磨、混合等操作，保证样品的均匀性。制备器具要干燥清洁，防止样品制备时出现交叉污染。制备好的样品应及时封装，并粘贴相应的样品标识，样品标识应保证正确、完整以及唯一性。

（四）样品的保存与处置

检验检测机构应任命专人对样品进行管理，并单独设置样品间保存样品，必要时还应配备相应的设施设备（如冷库、冰箱、冰柜等）。样品间应保证安全、干燥、通风、清洁，由样品管理员对其环境条件（如温度、湿度等）定期监控，并做好监控记录，以保证样品间的环境条件符合相应要求。样品管理员应依据样品的保存条件要求，对样品进行分区分类管理，如对肉制品、酸奶、冷冻食品等食品样品一般用冰箱、冰柜进行冷冻贮存；对酱油等调味品、奶粉和大米等粮食加工品等不易腐败的食品样品，一般采用常温贮存；对易腐败变质的肉制品、糕点类等食品样品一般用低温冷藏柜进行低温贮存；对于特殊样品应单独放置；对于不合格样品应采取隔离措施，防止交叉污染。

检验检测机构应依照要求对样品进行保存。一般样品的保存时间为 3 个月，对于不合格样品，保存时间为 6 个月。到保存期限的样品应根据相关要求确定是否需要退还给客户，需要退还的联系客户退还，并做好退还登记，客户和退还人员都应在登记本上签字。逾期未领取和不需退还的，经技术负责人同意后，进行相应处理，但是在处理记录上，必须做好处理方式及处理时间等相关记录，处理人员还应签名。

样品管理几乎涉及食品检验的全过程，其工作质量直接影响到检验检测结果的准确性，关系到客户的样品、附件、检验结果等有关信息保密性，还关系到检验检测事故发生是否能追溯事故原因及准确采取处理措施。因此，应加强对样品管理的质量监控，从源头上保证样品质量的稳定性、可靠性，从而保证检验检测结果的准确性，以更好满足客户要求。

第二节 试验仪器设备检定校准和量器校准

一、试验仪器设备检定校准

俗话说：工欲善其事，必先利其器，检验检测数据的准确度对于施工生产来说不言而喻。而仪器设备是试验室开展检验检测工作所必需的工具，也是保证试验检验检测工作质量，数据准确的重要途径。校准的主要目的是确定计量器具的示值误差，确保计量器具给出准确的量值。校准是测量仪器计量确认的一个环节。在确定示值误差的过程中，可能会产生修正，修正值可能会随条件的变化而改变。在试验检验检测过程中对计量器具的示值结果进行修正，可以适当补偿系统误差，下面就简述仪器设备校准在公路工程施工检验检测中的必要性及过程应该注意的几个要点。

（一）必要性

（1）公路工程试验检验检测机构数量多，尤其是工地试验室流动性强，仪器设备多次拆卸、搬运、安装，致使部分仪器设备性能衰减较快，性能不稳定，仪器设备技术监管较弱，技术规程不完善，管理水平有待提高。

（2）仪器设备在保管使用过程中，受外界环境的影响，仪器老化以及磨损等诸多原因，其性能会发生变化，有可能误差超出允许范围。如果用这些误差大的仪器设备检验产品，必然会导致不合格产品产生而不能被发现，其测量数据结果必然不可靠。为了保证仪器设备的精确度，需要对仪器设备进行检定、校准，从而保证仪器设备准确，数据可靠。

（3）在现行标准的变化和更新下，部分仪器设备不能满足要求，需要经过检定、校准，看是否满足现行要求。如若不能满足要求，需要及时更换。

（二）注意事项

（1）仪器设备使用前先进行验收，看是否有合格证、说明书、配件是否齐全，功能是否能满足试验参数要求，量程是否与被测产品的参数技术指标相适应。所有仪器设备、标准物质均应有明显的标识表明其所处的状态。保证仪器设备处于正常的使用状态，发现异常坚决停用。

（2）区分检定和校准：检定是国家强制检定，是自上而下的量值传递。校准是不具有强制性，是自下而上的量值溯源，评定示值误差，是组织自愿的溯源行为。比如公路工程试验检验检测中通用的压力机、天平、玻璃器皿、游标卡尺等标准器具需要强制检定，试验室能自行校准的仪器设备采用自校的方法。

（3）建立健全仪器设备使用台账，按照检验检测类别进行分类建账。内容包括仪器设备的型号规格、检定、校准部门、检定周期、使用部门、保管人、校准日期等信息。根据分类账就可以分清仪器设备的状态情况，以便为开展仪器设备的周期检定提供依据。随时掌握仪器设备保管、使用、流动情况，以便合理安排周期检定，根据仪器设备使用情况制定检定校准计划安排。

（4）根据实际需要罗列出哪些是强制检定，量值溯源至国家或国际计量基准。哪些是自校，确保在用的试验检验检测仪器设备量值符合计量法规定。当溯源不可能时，通过试验室间比对试验，能力验证等途径提供证明。总体要求对每一类、每一台仪器设备通过何种方式实施溯源做出具体规定。在使用仪器前，首先校准仪器，把标准器具送到质量监督局检定，用检定过的标准器具按照校准指南逐条校准。我国实现量值统一的方式有量值传递或量值溯源，由质量技术监督局检定的贴检定标识，试验室自行校准的贴自校标识，包含检定周期，检定单位，检定日期，检定人等有效信息。

（5）根据需要，添置必要的标准器具和辅助设备。仪器设备检定校准到期后，相关部门制定检定校准计划，罗列出需要添置的仪器设备及配件，包括标准器具。标准器具添置后要送到上一级质量技术监督局检定，用检定后的标准器具校准相应的仪器设备，保证仪器设备量值能够溯源。校准人员及时了解量值传递程序，熟悉仪器设备的自校规程、仪器设备的基本性能、标准器具的使用。从仪器设备检定系统的编制过程中，可以发现哪些仪器设备周期检定还缺少计量标准工具，以便及时添置。

（6）仪器设备检定、校准过程中，要结合本单位的实际情况，在保证量值准确传递的前提下，尽量做到经济合理。因为每采用一种新标准，不仅要添置新的计量标准，而且还需要配备必要的配套设备及相应的技术力量，要综合考虑经济费用。所以应将开展周期检定所需要的费用与仪器设备直接送上级计量部门检定所需要的费用相比较后，再做决定。

（7）检验检测数据的准确性直接关系到检验检测能力及检验检测结果的公正性，对仪器设备进行周期性检定，避免使用过程中随时间变化，计量发生偏移，有可能超出允许误差，保证仪器设备处于受控状态。校准周期的确定，试验室以校准的方式实现量值溯源具有充分的法律依据，一般考虑使用频率，维护和使用记录，考虑工程实际需要，制定合理的周期。除强制检定外，遵循"经济合理、就地就近"原则，开展校准工作。

（8）检定、校准后产生的修正系数，部门负责人及时通知相关人员，每一台仪器经校准，修正后修正系数粘贴在仪器醒目位置，以备使用过程中调整，应用，确保仪器使用的准确性、精确度、可靠性。

（9）校准记录填写过程中要注意尽量填写齐全，实事求是，客观公正，有修正的一定要填写清楚，一并放入仪器设备档案中，以备日后查看。检定结果出来后，要及时确认。

（三）保证措施

（1）因仪器设备性能差，量值溯源问题而对工程施工质量、安全产生的严重隐患引起足够重视，全员思想上引起重视，保证量值的准确可靠，编制科学、实用的校准方法，有效开展校准工作；建立校准人员培训、继续教育；建立校准数据和校准记录；建立标准器具管理制度，由专人负责实施。

（2）检验检测机构应配备足够的满足工作需要的标准器具，标准器具应定期进行溯源，检验检测机构应至少保证有校准资质证的人员不少于两人，且具备一定的计量基础知识，以保证量值的有效性。由熟悉仪器设备的操作人员和检验检测经验丰富的人员配合完成。

（3）校准环境符合相关要求，校准结果的记录应足够详细，以证明所有仪器设备均能溯源，记录信息应包括：完成校准的日期，周期，环境的说明，必要的修正，校准审批人员的标识。

（4）试验室间比对、能力验证也是仪器设备校准的一种方式，也可以用两台同类设备比对的方式，检查测量结果的可靠性。我试验室与本市三家单位每年进行 1 ~ 2 次的比对，每次都有新收获，有人为的因素，也有仪器本身的问题，促使改进自身的不足。仪器方面按照校准方法校准仪器，使仪器设备更加精确，检验检测数据更加准确，可靠。

（5）加强学习，学习兄弟单位的先进技术和思想，积极参与上级单位的培训，学习相关的书籍，融会贯通。

总之，试验室仪器设备检定和校准是一项重要而又繁琐的工作，需要专业的水平和足够的耐心，部门领导要意识到这项工作的重要性和必然性，更要重视支持这项工作，确保仪器设备精确，数据准确可靠，更好地指导施工生产，从而创造更大的经济效益。

二、常用玻璃量器校准

玻璃量器是化学分析实验中使用非常普遍的计量器具，它主要包括滴定管、容量瓶、分度吸量管、单标线吸量管、量筒、量杯等 6 种。玻璃量器的量值是否准确可靠，将直接影响化学标准溶液、标准物质的量值以及化学分析测试结果的准确性。因此必须对常用玻璃量器实施校准，以保证容量量值的准确可靠。

玻璃量器的校准方法有衡量法和容量比较法两种。衡量法通常用于标准玻璃量器、常用玻璃量器（A级）、微量量器和其他高准确度量器的容量检定。容量比较法是通过介质采用标准量器的容量与被检量器的容量进行直接比对的方法，其计量准确度低于衡量法。笔者主要分析总结了采用"衡量法"进行常用玻璃量器的校准，影响其结果准确性的因素及技术建议。

（一）玻璃量器的清洁程度

在玻璃量器的校准中，量器内壁的清洁度是获得准确结果的前提条件。对于容量瓶，内壁的不清洁会产生畸形弯液面或平坦的弯液面，直接影响弯液面的正确观察与调定，易导致测量结果偏低。另外，内壁的不清洁还会造成弯液面形状的不稳定，即在同一分度线上，几次调定的弯液面形状不相同，影响液面的观察与调定。

对于吸量管和滴定管，内壁不洁会导致"挂水"使排出的水量减少，如果内壁沾有油类物质，则液膜不能正常形成，使管内的残留量减少，排出的水量增加。因此吸量管和滴定管内壁不清洁，造成测量结果的误差可能为正，也可能为负。为了减小量器内壁不清洁对容量校准的影响，校准之前最好用重铬酸钾 – 浓硫酸洗液浸泡清洗量器，用纯水清洗洁净，保证内壁不挂水，使其清洁度达到校准要求。

（二）弯液面最低点的观察方法

1. 液面的观察和调定

液面的观察和调定直接影响测量结果，是产生测量误差的重要因素。

我国与国际标准一致，均采用弯液面最低点作为凹液面调定和读数的标志。调定液面时，应使弯液面最低点与分度线上边缘的水平面相切，视线应与分度线上边缘在同一水平面上。

容量瓶和吸量管的分度线均是围线，观察者的视线应使量器的前后两部分围线的上边缘相重合，即视线应与围线上边缘处于同一水平面上，使弯液面最低点与围线上边缘相切。

由于操作者的个人习惯，调定液面时，视线可能高于或低于真实的分度线位置。液面调定后，其最低点偏离分度线水平面的距离为 h，则 h 即为视线偏离水平面所引起的视差。一般操作者在调定液面时能将液面调定误差 h 控制在 0.2 mm 左右，熟练的操作者能够控制在 0.1 mm 左右。设视线偏离水平面引起的测量误差为 ΔV，它与量器的直径 D 成正比，可根据圆柱体积公式求得测量误差 ΔV：

$$\Delta V = \frac{\pi}{4} D^2 h$$

虽然具围线的量器有助于调节视线的水平，避免视线不水平所造成的视差，但调节视线使围线前后部分的上边缘相重合时，其重合程度由于操作者眼睛的分辨能力，也会产生液位视差，约为位移距离的二分之一。一般操作人员的眼睛分辨力可达到 0.1 mm 左右，若观察围线时前后部分上边缘偏离约 0.1 mm，所产生的液面视差约为 0.05 mm。当量器内径大于 5 mm 时，视线不水平所引起的视差较大，则产生的测量误差会较大。

2. 使用遮光带正确观察液面

水的弯液面由于光的折射和反射作用有 3 层，第 1 层（上层）和第 3 层（底层）在光线照射下色泽较浅，第 2 层（中间层）色泽稍深且呈阴影带。弯液面底层轮廓的最低点才是真正的弯液面最低点，其上层和中层阴影带只是光线折射和反射的结果。

如果操作人员按习惯，以弯液面的中间层或底层轮廓的最低点进行读数和调定液面，对于通过上下两个液面读数的量器（如滴定管），由于系统误差，可能造成的影响不大；而对于仅以一个液面读数的量器（如容量瓶）则会产生较大的测量误差。因此观察液面时，应以白色为背景，并在弯液面以下不大于 1 mm 处，放置一条黑色纸带或用一小段切开的黑色橡皮管箍在量器管壁上，以便遮去杂光。黑色纸带应紧靠量器管壁放置，此时液面底层呈现黑色，且轮廓分明清晰可辨，从而提高了液面观察与调定的准确性。

经实验 100 mL 容量瓶是否使用遮光带正确观察液面，测量结果相差约 0.03 mL。不加遮光带测量结果易偏低。

（三）量器温度与水温的影响

1. 量器温度、水温、室温三者差异的影响

一般空量器的温度取决于室温，盛水量器的器壁温度除了与室温有关外，主要取决于水温。当环境温度较高或较低时，非中央空调控制的实验室需使用空调进行较大幅度的降温或升温来控制温度，此时可能存在室温、量器温度和水温三者温度的不一致将会造成较大的测量误差。若水温与量器的实际温度相差 Δt，玻璃体膨胀系数为 β，则由此带来的容量误差为：

$$\Delta V = V\beta\Delta t$$

若 Δt 为 1℃，则 10 mL 量器引入的容量误差为 2.5×10^{-4}mL；100 mL 量器引入的容量误差可能为 2.5×10^{-3}mL。

储水瓶与空调安放的相对位置至关重要。因为空调室内整个空间的温场分布情况复杂，其温度梯度往往很大，易造成室内不同高度、不同位置上的室温不均衡。如果储水瓶的位置摆放不合理，使水源与量器处于不同的温度，二者存在较大的温差，也会造成较大的测量误差，此种情况复杂，较难量化。

用衡量法对量器进行容量校准时，实验室应具有稳定的环境条件，室温、水温必须满足规程要求，至少提前 4 h 将被检量器放入工作室，确保室温、水温和量器温度基本一致；另外，合理安排纯水、天平、量器与恒温装置送风口的相对位置，以减小环境条件对校准的影响。

2. 水温测量误差对容量测量的影响

测量过程中，测量的水温并不是贮水瓶内的水温，而是量器内的水温，准确地说是在调定或读取液面时量器内的水温。由于工作室温度的变化会导致水温的变化，若不及时准确地测量也会造成误差。

（四）空气密度的影响

对于一般工作量器的容量测量，空气密度通常取平均值 1.20 kg/m³。当准确度要求较高，如检定标准玻璃量器，或在某些地区空气密度偏离平均空气密度较大时，需对空气密度进行测量。若实际空气密度与表中的约定值不一致，将对被测量器的量值造成误差。

空气密度与实验室温度、气压、湿度有关，室温、气压或湿度的变化，都会引起空气密度的变化，从而给测量结果带来误差。该误差的大小根据下式计算：

$$k(t) = \frac{\rho_B - \rho_A}{\rho_B(\rho_W - \rho_A)}[1 + \beta(\emptyset - t)]$$

式中：P_B——砝码密度，取 8.00 g/cm³；

P_A—— 实验室内的空气密度，g/cm³；

P_W——t℃时纯水的密度，g/cm³；

β—— 被检玻璃量器的膨胀系数，℃⁻¹；

t——检定时纯水的温度，℃。

称量结果的误差取决于空气密度的变化量。一般恒温室空气密度的变化量最大不超过 ±2.5%，空气密度的变化引起 k(t) 值的差值为 3.0×10^{-5} cm³/g。

（五）操作过程的影响因素

1. 水液蒸发的影响

水液蒸发对测量结果也会产生一定的影响。测量过程中为减小水液蒸发的影响，容量检定中必须对称量杯（瓶）加盖，并尽量缩短称量时间，否则将造成测量结果偏低。

吸量管和滴定管在排液时液流表面与空气接触，也会有一定的蒸发损失。如果水流呈分散状或水流冲入称量杯使液面溅起大量的小水珠时，会加速水液的蒸发。因此校准吸量管和滴定管时，建议使用 100 mL 的具塞三角瓶作称量瓶。

量出式量器中水的质量是通过称量杯（瓶）称量的。在空杯和盛水时的两次称量中，称量杯是否衡重将直接影响到表观质量。校准过程中，擦干后的湿称量杯，由于吸附了空气中的水分，其表面会逐渐变得湿润。经过一定时间后，称量杯表面的水分与空气中的水分达到平衡，称量杯才能达到衡重。因此对于高精度的测量和小容积测量，此误差因素不可忽视，建议对刚擦干的称量杯放置 3 min 以上，再使用。

2. 容量瓶的校准

注水方式不合理也会造成容量瓶测量结果的误差。注水时勿用漏斗，采用漏斗易产生气泡。注水过程要特别注意降低水流速度，尽量沿容量瓶刻度线以下内壁缓缓流入，过急的水流易产生气泡，造成测量结果偏低。

操作者的大拇指和食指应握在具塞瓶口处，手不可直接接触瓶体的注水部位，以免人为造成量器温度、水温的变化，导致测量结果偏低。

3. 吸量管的校准

量出式量器，水的流出时间、量器的垂直状态和流液口的状态，都会直接影响量出体积的准确性。

吸量管属于量出式量器，其排液时间的长短影响量器内残留液体量，造成测量结果的差异。吸液时，不要使液面高于标线太高，否则吸量管非计量部分沾过多的液体，在调定液面和排液时流下来，造成测量结果偏高。

调定液面或排液时，吸量管均应垂直放置，其流液口与称量杯（瓶）内壁相接触，称量杯（瓶）须倾斜30°，两者不能相互移动。为保证水完全流出，当液面下降到流液口，吸量管从接收容器上移开以前，可等待约3 s，保证测量结果的准确性。另外，不能在吸量管悬空时，调定液面或排液，以免造成测量误差。

4.滴定管的校准

滴定管校准时，水的流出时间、滴定管的垂直状态和流液口的状态都会直接影响其量值的准确性。

具塞滴定管的塞、无塞滴定管的下部流液嘴，均应配套使用，不同号的不能使用。使用具塞滴定管，转动活塞时不要向外拉，以免活塞芯移位造成漏水，也不要用力向里扣，以免使活塞芯对套压迫太紧而转动不灵活。使用无塞滴定管时，手捏住流液口使之垂直不摆动，并在玻璃珠部位往一旁捏皮管，使水液从玻璃珠旁缝隙处完全流出。

调零前，须检查滴定管流液口有无气泡。调定零位时，不要使液面超出标线过高，否则非计量部分沾过多的液体，在调定液面和排液时流下来，造成测量结果偏高。滴定管排液时，流液口不得与杯壁及液面相接触，并且称量杯要防止水液溅出和蒸发损失。防止具塞滴定管的流液口因油脂涂抹过多，堵塞活塞孔和流液口，延长排液时间造成测量结果的差异。

为了使滴定管（乳白背蓝线衬背的滴定管除外）弯液面清晰可辨，可于弯液面下不大于1 mm处，紧靠滴定管上衬遮光带观察。若分度线不是围线，可使用辅助围线方法，使视线与弯液面最低点处在同一水平面上，从而提高液面观察与调定的准确性。

常用玻璃量器校准结果的准确性受多种因素影响，在实际操作过程中，由于实验室测量器具和操作人员不同，往往容易忽视对某些影响因素的研究和评价，造成校准结果的不准确和不统一。笔者探讨了玻璃量器的清洁程度、弯液面的观察方法、量器温度与水温、空气密度、操作过程等对校准结果的影响程度，并给出了合理的技术建议，对实施常用玻璃量器校准、保证校准结果的准确和统一具有重要的意义。

第三节　计量仪器检定

质量问题在任何领域都属于一项重要问题，保证质量不仅有利于提高企业的信誉和形象，同时也是对人民的负责。质检机构作为对产品质量进行检验检测的一个主要部门，目前，已经得到了社会各领域足够的重视。在质检过程中，检验检测仪器的使用非常必要，而其中的计量检定工作也是必不可少的，但就目前的情况看，我国质量检验检测仪器的计量检定管理方面还存在着诸多问题需要完善，有关部门及人员必须要对此加以重视，这样才能最大程度保证我国各领域产品质量的进一步提高。

所谓的质量检验检测工作，顾名思义，即对社会和领域产品的质量进行检验检测的一种手段，通过质量检验检测，产品的种种性能及参数将能够完整地体现给检验检测人员，这对于产品质量的保证具有重要价值。总的来说，在对产品的质量进行检验检测的过程中，避免不了对相应检验检测仪器的应用，这是保证检验检测结果准确性的基础，同时也是提高检验检测效率的一个必要条件。科学的检验检测过程能够对产品的质量进行客观公正的判断，同时也能够为社会以及具体领域提供有价值的参考。当今社会，做好质量检验检测工作十分必要，这必须要得到各个企业足够的重视。

一、完善质量检验检测仪器计量检定管理工作的具体措施

从上述文章中可以发现，质量检验检测工作的完善不仅能够为企业信誉与形象的保证带来价值，同时也是保证人民对产品应用的安全性的一个主要手段。想要保证其检验检测效果的进一步提高，就必须要通过具体措施的实施来完成，总的来说，需要从采购阶段以及验收阶段入手，在建立相应的计量管理档案的同时，做好日常使用管理工作，除此之外，还存在很多需要注意的问题，以下文章从不同角度进行了阐述。

（一）采购阶段

想要保证质量检验检测仪器的使用性能，就必须要从对仪器的采购工作入手，具体而言，由于质量检验检测仪器具有一定程度的复杂性以及专业性，因此其采购过程必须由具备专业素质的采购人员去完成，要保证其对于仪器的了解程度。除此之外，在采购过程中还应做到货比三家，要在所有质量能够得到保证的仪器的基础上，选择质优价廉的商家对仪器进行购买，这样才能最大程度保证其使用性能，同时也就才能使检验检测成果能够更加准确，需要注意的是，整个采购过程均需要在相应的采购标准的保证下完成，这是采购人员必须要认识到的一点。

（二）验收阶段

在对仪器进行采购之后，验收工作同样十分重要，从某种程度上讲，验收工作上对采购工作质量的进一步保证，只有通过双重把关，才能最大程度保证仪器的质量以及使用性能。总的来说，具体的验收工作需要按照采购单上的标准来进行，要将采购单上的标准与实际仪器相比较，如果发现其中存在问题，出现实际仪器与采购标准不符合的状况，一定要对仪器进行严格处理，要保证所使用的仪器均能够符合相应的标准。在验收完成之后，工作人员还必须要做好验收记录以及总结工作，要通过对具体结果的分析与总结，发现产品质量不合格的商家，并及时与其说明仪器的质量问题。

（三）建立计量管理档案

对计量管理档案的建立有利于工作人员在需要时能够及时地对其进行查询，以获取到所需要的信息，在具体的计量管理档案中，工作人员需要全面细致的将每一台仪器的参数以及相应技术标准都准确记录在内，其中不允许存在错误与偏差，具体需要记录的内容包括产品质量的评估报告以及采购合同等很多种。需要注意的事，仪器在应用过程中出现故障在所难免，在故障出现之后，工作人员一定要及时地对故障类型以及出现的时间及原因进行记录，同时也要及时地对故障加以解决，这是保证仪器使用性能以及使用寿命的基础，只有在维修之后，其各方面性能均能够达到标准水平时，才能重新将其投入使用。

（四）做好日常使用管理工作

做好日常管理工作同样十分重要，具体工作同样需要专业人员的参与作为保证才能完成。首先，在新一批的设备购入之后，要做好对购入设备的记录工作，从产品参数，产品性能以及购入数量等多方面对其进行详细的记录，除此之外，在日常的产品使用过程中，还要对产品的操作流程等进行记录。需要注意的是，为使产品性能能够得到最大程度的保证，就一定要做好防潮等工作，要保证产品存放地点能够良好地通风，同时在对产品的取用过程中，也要轻拿轻放，这对于保证产品性能十分有利。

（五）核查管理

做好核查管理工作十分重要，有效制定科学的周期检定计划，既能按照要求及时完成设备检定工作，又可以使在用设备得到最大程度的满足。检定周期计划的制定要符合监测设备的计量检定规程要求。设备在使用一段时间后，必须定期地进行核查来检验设备是否良好，这样可以及时的发现问题并更正，以保证检验结果的准确性。这里尤其是一些使用频繁、容易老化受损和设备使用环境差的仪器，一定要严格定期核查。

（六）完善信息的采取与收集工作

在仪器设备的管理中，信息的收集也是一项十分重要的工作。信息的收集一般主要来源两个方面，一是机构内部，操作人员日常使用时的感觉，管理人员对设备工作的观察，维修人员的设备故障出现类型的分析和检定数据。这样可以有效防止仪器设备在运行过程中存在的隐患再次出现，降低管理费用，避免出现错误或者不准确的检验检测数据。二是来源于检验检测设备厂家新产品更新的信息收集，方便日后调换设备和更新以及采购进行有目的的调研。

（七）做好测试仪器规格分类管理工作

根据上面档案收集材料内容，综合仪器设备的使用规格，可以设立仪器计量管理台账。以仪器的名称、型号、出厂编号、生产日期、检定日期和周期、检定证书、维护情况等为主要核心内容，越详细齐全越好。

综上所述，质量检验检测仪器作为一种保证产品质量的主要仪器，其计量管理工作的完善十分必要。想要使具体管理工作得到完善，就必须要从各个角度分别入手，做好采购以及验收工作上保证管理水平的基础，除此之外，还要在日常工作中做好防潮等措施，另外，设备的维护工作同样十分重要，在发现设备出现问题时，一定要及时对其加以解决，以更好地保证其使用性能。

二、计量仪器具体的周期检定措施

计量器具周期检定制度是一个企业计量室或计量管理部门，根据《中华人民共和国计量法实施细则》和国家质量监督检验检疫总局发布的《计量器具检定周期确定原则和方法》（JJF1139，可到所在地技术监督局计量处购买），制定的对企业内部计量器具的检定管理制度。参照这两项法规就可以根据企业自身情况制定。

（一）非强检性计量器具的周期检定

一般情况下，非强检性的计量器具在鉴定周期内应该坚持两个原则，一个是检定的周期内计量器具的误差要控制在合理的水平，同时还要保证误差值越小越好，第二个原则就是要经济合理。这样才能让仪器检定的整个成本控制在最低水平线上，从字面上看，这两个规则应该是完全对立的关系，所以为了能够让二者在强度上保持平衡，必须要在实际的工作中采取合理的手段，利用大量的实验数据对其进行仔细的研究和分析，但是在这一过程中也尤其需要注意如果校准的时候不能按照要求或者是规定就很有可能使得社会资源被白白浪费，在这样的情况下就可能出现资金供应不足或者是人员在数量和素质上的不足，出现非常不良的情况，因为校准效果不好的器具在使用的过程中会产生非常大的误差，这会造成更加严重的后果，在检定周期的确定工作中要充分考虑到各种因素对检定效果的影响，还需要考虑仪器本身的使用寿命以及使用过程中可能出现的问题，充分借鉴相关人员给出的建议，同时还要在检定的过程中，详细地做好相关内容的记录工作，最后需要考虑的一个内容就是计量仪器本身的需求，这些都是对检定工作产生重要作用的影响因素。

（二）非强检的计量仪器检定方式

确定非强检的计量器具校准和检定周期方式的时候，要结合本单位实际的情况，将国际法制的计量组织第10号的国际文件——《测量实验室中使用的测量设备复校间隔的确定准则》里所推荐的方式作为参照来进行，运行检查法适合检验检测复杂的仪器，并用便携式校准的装置进行检查校准，这种方式检验检测实验室非常有作用，但参数的选取和校准装置的采用特点都应该保持恒定，这类问题值得进一步研究；阶梯形法指的是计量器具依照检定的规程进行多次周期的检定以后，若发现了没有超出允许的误差或者大余量的时候，后续校准和检定能够延长，若发现接近超出或者超出时要对后续检定和校准的周期缩短；管理图法是选择关键的项目关键的点，稳定记录，在每次校准和检定的数据曲线图中获得关键位置分散性和随着时间漂移的量，从而获得最佳时间的间隔；统计学方式是当检定校准许多相同的计量器具的时候，校准与检定的周期可用统计学的方法去评价。

（三）周期检定强检的计量仪器

根据相关的计量法规，由强检计量的检定机构按照规程进行周期确定，在两次检定校准之间，对计量器具运行加强检查，使用具有可信度且适当的方式，对正在使用的计量器进行检查，在两次校准检定的间隔时间内，就是运行检查，这种检查方式能够基本辨别计量器具的工作状态是否良好。

第四节 试剂和标准物质的选择与使用

一、反应试剂的选择

反应试剂、催化剂和反应溶剂都是加入反应体系以及进一步参与反应的物料，相应的工艺研究是根据化学反应的需要进行合理选择的过程。

一个药物或药物中间体的合成路线确定后，接下来的工作就是选择合适的反应试剂，反应试剂是指被加入反应体系、使反应发生的物质或化合物。这里指反应物之外参与化学反歧，又有一定选择范围的化合物，例如，氧化剂、还原剂、碱、甲基化试剂、缩合剂等。选择反应试剂的主要目标一是控制成本，二足在预期时间内以高收率获得预期产物，同时实现反应过程和后处理过程操作的最简化。

（一）反应试剂的选择标准

选择反应试剂不仅要考虑反应试剂的反应活性或选择性、成本、来源或易获得性，还要考虑试剂的安全性和毒性、原子经济性，以及易操作性、使用便捷性、废物易处理性等其他实际因素。

（1）反应活性高与选择性强能够高效、专一地完成目标反应的反应试剂是理想的反应试剂。但在多数情况下，活性高和选择性强两者之间存在着矛盾，活性高，意味着反应在较短的时间内完成，但反应选择性相对较差。在选择试剂时，需要兼顾活性和选择性。要尽量选择对空气中的水分和氧气稳定的反应试剂，稳定意味着保存期限较长，不用惰性气体保护。对于不稳定的反应试剂，则要实现现做现用。

（2）成本、来源或易获得性廉价、容易获得，也是反应试剂应有的特征，试剂的价格直接影响产品的总成本，因此在作用相同的试剂中应尽可能考虑使用廉价的试剂。既要考虑有些试剂受市场供需影响大，价格上下波动，也要考虑特殊试剂是否有稳定的供货来源。例如，在形成酰胺键（包括肽键）的反应中，氯化亚砜、特戊酰氯、氯甲酸异丁酯是常用的试剂，价格低廉；Vilsmeier 试剂（氯亚甲基二甲基氯化铵）价格较高，相对成本是氯化亚砜的 100 倍。

（3）安全性和毒性试剂的毒性因素可分为腐蚀性、选择性毒素代谢、亲电性和生物活性四个方面。理想的试剂不仅对操作人员无毒害，而且对设备、周围环境不构成化学危害。对于有毒试剂要采用特殊的处理方法。

（4）原子经济性为了最大限度地减小对环境的影响，降低废物的处理费用，以原子经济性为基础选择试剂成为发展趋势。以常用的甲基化试剂为例，氯甲烷（M_w 50.49，b_p -24℃）比碘甲烷（M_w 141.94）原子效率高，原子效率分别为 30 和 11，但氯甲烷反应活性低，而且需要高压设备来运行这种低沸点物质参与的反应。硫酸二甲酯、苯磺酸甲酯、碳酸二甲酯的原子效率分别为 12 或 24、8 和 17，甲醛/氢、甲醇/催化量的 H^+ 的原子效率最高，均为 47。

（5）易操作性、使用便捷性、废物易处理性液体物料容易投料，而固体物料，尤其是粉尘状物料加料困难。易于投料、易于后处理、无毒性副产品生成、易于回收再利用、无须专门的设备或设施等，都是选择试剂的标准。

（二）代表性试剂的选择

由于化学药物种类多，结构复杂，药物及其中间体的合成几乎涉及所有的化学反应类型，采用的反应试剂繁杂，不能一一详述，下面以氧化剂、还原剂和碱为例，说明试剂选择时可能碰到的具体问题。

（1）氧化剂的选择氧化剂的毒性和危险性大，氧化反应过程不易控制，后处理过程困难，处理含重金属的氧化剂费用高。氧化反应是工艺研究中需重点研究的一类反应。

常用的氧化剂可分为两类：

一类是高价态的过渡金属类氧化剂，例如，高锰酸钾（$KMnO_4$）、活性二氧化锰（MnO_2）等锰化合物，Jones 试剂、Collins 试剂、氯铬酸吡啶和重铬酸吡啶盐等含铬氧化剂，氧化银（Ag_2O）、碳酸银（Ag_2CO_3）等含银氧化剂，四氧化锇（OsO_4），四醋酸铅 [$Pb(OAc)_4$]，铜化合物，铁氰化钾 [$K_3Fe(CN)_6$] 和硝酸铈铵 [$Ce(NH_4)_2(NO_3)_6$] 等，是常见的强氧化剂，反应选择性好、收率高。含铬氧化剂、四醋酸铅等易对药物和环境产生有毒害作用的重金属污染。银化合物价格较高，其实用性受到限制。

另一类是非过渡金属氧化剂，包括次氯酸钠（$NaClO$）、高碘酸钠（$NaIO_4$）、氯气（Cl_2）等含卤素氧化剂，硝酸（HNO_3），二氧化硒（SeO_2），二甲亚砜（DMSO），醌类，过氧化氢（H_2O_2）、有机过氧酸、烃基过氧化物等过氧化物，臭氧（O_3）和分子氧（O_2）等。

分子氧，尤其是空气，是最为丰富、廉价易得、节能环保的绿色氧化剂。在过渡金属及其配合物，或 TEMPO、NO_x、Br_2 等非金属催化剂作用下，分子氧被活化，启动氧化反应过程。特点是价廉易得，可以制备各种含氧化合物，反应产物的选择性和收率都较好，因不对环境造成有毒害作用的重金属污染，作为更为绿色的氧化剂开始大量替代过渡金属类氧化剂。

（2）还原剂的选择对于还原反应，首先要考虑的问题是反应过程中是否使用氢气或产生氢气，如果使用氢气或产生氢气，那么要考虑安全生产的问题，还要选用特殊的设备；二是反应结束后，如何安全淬灭残余的还原剂，如果反应淬灭后形成胶体，那么后处理过程可能烦琐；三是贵金属催化剂的回收、套用；四是金属盐副产品难于处理，形成废渣，带来的环境污染问题。

工业生产常用的还原剂包括：

（1）H_2/ 催化剂：适用范围广，不仅适用于烯烃、炔烃、芳环、羰基、硝基的还原，而且适用于羰基化合物与胺发生还原胺化反应，需要高压釜或专门的设施。用某种化合物代替氢气做还原剂，即转移氢化，可减少设备的费用。

（2）$NaBH_4$ 和 KBH_4：KBH_4 价格比 $NaBH_4$ 便宜，是还原醛、酮成醇的首选试剂，温和可靠。添加 Lewis 酸可扩大还原范围，还原酯、酰胺、羧酸，可能与胺类结构生成硼酸盐。

（3）$LiAlH4$：还原能力强，适应范围广泛，铝盐后处理，很烦琐，费用高。

（4）Red-Al：（65%的甲苯溶液）：还原能力强，加料方便，后处理铝盐烦琐，费用高。

（5）Raney-Nickel：还原能力强，适用范嗣广泛，但镍和铝盐的处理费用很高。

（6）BH_3 硼氢化：还原亚酰胺和酸，从成本和稳定性考虑，Me_2S-BH_3 比 BH_3-THF 更好。

（7）金属锂、钠 / 液氨：Birch 还原反应在低温下进行，使用或回收液氨或挥发性胺需要专门设备，气味大。

（8）金属铁 / 酸：还原芳烃硝基成氨基，铁盐后处理费用高，回收和循环再利用费用高。

（9）金属锌 / 酸：还原 s-s 键，锌盐的处置费用可能很高；回收和循环再利用费用高。

（10）连二亚硫酸钠：用于还原芳烃硝基，试剂和副产物都有特殊的气味。

二、标准物质的选择和使用

标准样品的使用应以保证测量的可靠性为原则，在使用时应当考虑标准物质的供应量，相关费用，可获得性及相关测量技术。在化学分析中不正确的使用标准物质，会影响检验检测结果的准确性。

（一）选用

选用标准物质时，标准物质的基体组成与被测试样接近。这样可以消除基体效应引起的系统误差。但如果没有与被测试样的基体组成相近的标准物质，也可以选用与被测组分含量相当的其他基体的标准物质。

（二）有效期

要注意标准物质有效期。许多标准物质都规定了有效期，使用时应检查生产日期和有效期，当然由于保存不当，而使标准物质变质，就不能再使用了。一般说来有效期是标准物质的研制者将在规定的储存条件下，经稳定性试验证明特性值稳定的时间间隔作为标准物质的有效期。稳定性试验只能说明已经试验的这段时间是稳定的，超过有效期的稳定情况不能确定。资料显示有些标样的稳定性远远超过标称的有效期，如冶金标样中一些金属元素的稳定性长达 20 年之久，而有些非金属元素如硫等元素随时间的推移，受保管储存条件的影响，其特性量值呈缓慢下降的趋势。有些标准物质极易变化，如八氯二苯醚标准溶液的色谱图在三个月内就有明显的变化。大部分化学分析用标样是需要配置后使用的，即便是严格按说明书配置和使用，制备过程，使用的介质（溶剂）的种类和浓度对标准工作液的稳定性都是有影响的。实际工作中应当注意监测标准物质的变化情况，注意收集相关信息积累经验。

（三）存放

标准物质一般应存放在干燥、阴凉的环境中，用密封性好的容器贮存。具体贮存方法应严格按照标准物质证书上规定的执行。否则，可能由于物理、化学和生物等作用的影响，使得标准物质发生变化，引起标准物质失效。

（四）不确定度

不确定度是被测量之值的分散性，不同的标准物质其定值特性的不确定度也不同，其定值特性的合成不确定度，可能来自标准样品的不均匀性，定值方法的不确定度，实验室内和实验时间的不确定度。在选择标准物质时应当考虑到预期分析结果要求的不确定度水平，标准样品的不确定度水平相对于分析结果要求的不确定度水平应可以忽略不计。

除生产者确定的不确定度外，标准样品的不同处理过程也会影响分析结果的不确定度，如标准物质与分析样品基体之间有差异时；当使用与标准样品定值方法不同的分析方法时可能其不确定性与生产者提供的会有差异。并不是标准物质的不确定度越小越好，还应考虑供应状况、成本、预期使用的化学适用性和物理适用性。当分析结果的不确定度很大时，可以选用不确定度较大的标准物质，以降低分析成本。

（五）溯源性

溯源性是通过一条具有规定不确定度的不间断的比较链，使测量结果能够与规定的参考标准，通常是国家计量标准或国际计量标准联系起来的特性。中国实验室国家认可委员会（JAI）要求实验室使用标准物质进行测量时，只要有可能，标准物质必须追溯至 SI 测量单位或有证标准物质，认可委员会承认经国务院计量行政部门批准机构提供的有证标准物质。很多化学分析结果是靠标准物质来溯源的，实验室在选购标准物质时，应注意其证书是否能够证明其对国家计量基准的溯源性。一些标准物质不能提供证书溯源至国家基准，如有一些大型仪器设备随机带的用于标准化的标样；还有些标准物质的证书不能溯源至要求的计量基准（国家计量标准或国际计量标准），如有些进口设备随机带的标样的证书无法证明其溯源性。还有些标准物质由于与待测样品的物理化学特性不同，如块状与粒状，固体与液体，基体不完全匹配等，虽然标准物质的溯源性能够达到要求，但分析结果的溯源性会受到影响。在有些分析过程中标准物质的溯源性并不是很重要，如用回收率考察某一分析方法的准确性时。

第五节　检验检测方法的确认和验证

在环境检验检测实验室对外出具准确可靠且具有法律效力的 CMA 检验检测报告时，必须事先根据《实验室和检查机构资质认定管理办法》《实验室资质认定评审准则》等进行充分的准备，并取得计量认证合格证书。取得实验室资质认可准备的过程中，关键的一项就是检验检测方法的确认过程，该工作要求从人、机、料、法、环五个方面系统对实验室开展予以确认，并提供一系列可溯源的原始记录等证明材料，以证实实验室能够正确应用新标准方法。

一、检验检测方法确认概述

（一）检验检测方法确认类别

对检验检测方法的确认，检验检测方法确认工作根据欲使用的检验检测方法的性质分为两类，即方法验证和方法确认：

方法验证，实验室在首次采用标准方法之前，必须对其进行验证。

方法确认，实验室在首次采用非标准方法、超出其预定范围使用的标准方法等之前，必须对其进行确认，以证实该方法适合于预期的用途。

目前，国内的环境检验检测基本是以标准方法为主，对于非标准方法一般的实验室很难有足够能力去完成方法确认工作，且在申请检验检测能力资质时很难有效的证明，故本节主要对标准方法的验证进行讨论。

（二）检验检测方法特性指标

方法的特性指标包括方法检出限、精密度和准确度。对标准方法的验证必须对方法的特性指标进行逐一验证。

方法检出限：用方法给定的检验检测条件下，在满足置信度要求时，从样品中定性检出待测物质的最低浓度或最小量。

精密度：在方法给定的检验检测条件下，各独立检验检测结果间的一致程度，包括方法重复性和方法再现性。

在进行标准方法的验证时，只需确认方法的重复性，若是非标准方法的确认，则需对二者进行同时确认。

准确度：检验检测结果与样品理论和实际真值间的一致程度，包括使用有证标准样品核查、参加能力验证和加标回收率的测定。对标准方法准确度验证只要回收率满足要求即可，亦可增加使用有证标准样品核查以确保准确度。

二、检验检测方法验证一般工作程序

检验检测方法验证需从人、机、料、法、环、测几个方面去证实实验室有能力满足标准方法的要求：

（一）准备工作及说明

①方法验证负责人首先仔细研读检验检测方法，查阅搜集相关资料，充分了解其适用范围，操作步骤，注意事项。②准备实验仪器、标准品、试剂、量具；调试仪器处于正常工作状态。实验中所需要的仪器、量具等，必须按规定进行检定和校准，量具在必要时进行容积的校正；所用试剂及实验用水的规格、纯度必须符合要求。③在方法验证中需用的基准物质、标准溶液要确认在使用有效期内，保证浓度未发生变化。④参加实验人员应具备一定的理论知识和实验操作水平，在进行方法验证前，参与的实验人员必须经过培训和技能训练，在掌握了理论知识和技能操作的要求后，方可进行。

（二）方法验证实验

1.光度法、色谱、原子吸收等仪器法

（1）空白试验与校准曲线。按照方法要求或者在校准曲线浓度范围内均匀布置6个或以上的校准标准点，包括空白或一个低浓度标准点（浓度为检出限的3-5倍，接近于定量限），得到的相关系数 r 应满足方法或技术规范的要求。

（2）在空白试验和校准曲线达到要求后，则开始进行五天重复验证实验，包括校准曲线 0.3C 和 0.8C 自控样（0.3C 和 0.8C 表示取分析方法的测定上限（C）的 0.3 倍

（0.3C）和 0.8 倍（0.8C）的标准溶液，且必须和校准曲线不得通过稀释同一母液获得），以及实际样品和加标回收。

2. 容量法

在进行容量法验证实验时，不需要校准曲线的情况下，只需配置 0.3C 和 0.8C 浓度的自控样进行精密度试验，试验同样为五天（C：方法规定适用浓度范围的最大值），例化学需氧量测定，重铬酸盐法未经稀释的测定上限为 700mg/L，则 C 为 700mg/L。基本原则是在测定浓度范围内的选择高、低两种浓度的进行测定。根据检验检测结果计算两种自控样溶液的精密度，如果相对偏差和相对标准偏差满足方法规定的要求，则表示实验合格。

3. 数据记录

详细记录试验的整个过程，样品处理、标准物质情况、标准曲线、试剂情况、仪器设备情况、环境条件、测试参数、分析结果、数据处理等。

4. 法验证结果评价

校准曲线、检出限、精密度和加标回收率满足以下要求：①校准曲线：相关系数 r≥0.997，截距 a 一般 ≤0.005（光度法），当分析方法或其他来源中对斜率截距有规定要求时，应达到相应的要求；②检出限：测定得到的检出限必须要小于等于方法规定的检出限；③精密度：0.3C 和 0.8C 标准溶液的相对偏差和变异系数（即相对标准偏差）达到方法规定的精密度要求；对方法中无明确规定的，则可按相关的技术规范等的要求进行；④加标回收率：加标回收率同样需达到方法规定的要求；对方法中无明确规定的，则可按相关的技术规范等的要求进行。

5. 方法确认报告

方法确认报告的填写。实验结束后，项目负责人应编写方法确认报告。②方法确认报告的审核批准实施。方法确认报告完成后，应由技术负责人组织评审工作，评审内容主要为相应仪器设备的配置、设施和环境条件、人员培训等，评审通过后，由技术负责人批准实施。

环境检验检测方法确认工作是作为一个实验室对外出具准确数据的根本保证，可见此项工作的重要性。尤其是目前分析仪器种类繁多的情况下，环境检验检测实验室必须有效的完成此项工作，才能开展环境检验检测业务。

第六节　检验检测过程的质量控制

为满足用户对检验数据的质量要求，推进实验室的技术进步，检验检测实验室必须建立与自身情况相适应的质量管理体系，全面推行质量管理，实行优化高效的运行机制，在不断改进和提高实验室质量管理水平的过程中，最大程度保证检验数据准确、公正。

一、正确建立和运行质量管理体系

实验室建立、运行质量管理体系，搞好质量管理，目的是对实验室检验检测活动进行有效控制，最大程度减少问题发生概率，提高检验检测水平和检验检测实验室可信度，确保实现质量方针和目标。但是，一些实验室存在"为了资质认可而认可"的错误认识，体系建立与实际检验检测工作脱节，体系运行存在"穷应付、两层皮"现象，体系管理措施无法落到实处。因此，编制体系文件应遵循"写我应做、做我所写、记我所做"的原则。"写我应做"是指国家认可标准中要求做到的，都要结合实验室实际写在文件中；"做我所写"是指除了贯彻标准外，还要做到文件的适宜性、可操作性；"记我所做"是指实验室在运行中要留有质量记录，使体系运行及实验室出具的报告或证书，要有追溯性和可证实性。在体系运行过程中，要成立内审组，每季度开展一次内审，每年开展一次管理评审。同时，完善审核监督体系，由原来开环模式转变为闭环模式，对检验检测报告形成过程质量进行检查，对检验检测技术过程和工作程序进行检查，对查出问题跟踪并要求彻底整改。

二、抓好检验检测工作全过程控制

检验检测实验室的最终产品是数据和结果，为确保检验数据的准确、公正，必须对整个检验检测工作流程中的各个环节实施质量监控，即过程控制。一个完整的检验检测过程质量保证流程包括从样品送入实验室、测试前准备、测试试验、检验检测结果分析直至出具报告的各个环节。流程中的每个环节均可影响检验检测数据的准确可靠，因此，必须通过对每个环节实施检查和评价，来保证整个检验检测结果的公正、可靠。

（一）检验检测前的质量控制

检验检测前的工作要点是做好检验检测人员、环境质量、检验检测仪器、检验标准等四方面的质量保证。在实际工作中，首先要加强对检验检测人员的培训，包括专业知识、操作技能培训、四级体系文件的宣传贯彻、内审员培训等，使之具备相应的知识和技能，确保其能力与承担的任务相适应。环境质量要从实验室温度、湿度、噪声等方面予以控制，确保试验环境满足检验检测要求。检验检测仪器要定期检定、定期保养、定期校验，并确保实验室所有设备和计量器具均可量值溯源。对采用的检验标准和检验方法，实验室应及时进行标准查新，分析评价其是否与检验检测项目相适应，是否为最新的有效版本。

（二）取样与样品管理

由于检验检测样品的代表性、有效性和完整性会直接影响检验检测工作的"科学、准确、公平、公正"，因此对样品的采样、接收、流转、保管、处理及识别等各个环节，必须实施有效的管理和控制。

技术监测中心通过完善制度和流程再造，改变以往抽样、样品管理、检验、报告出具等都由检验检测实验室独立完成的局面，使检验检测工作各个环节分离，并处于监控之下。

一是将抽样人员与检验人员分离，建立了由业务能力强、职业素养高的人员组成的抽样人员数据库，每次抽样前随机抽调人员组成抽样小组，专门负责取样工作，使检验检测工作从源头上做到了"公平、公正"。

二是成立样品室，将样品独立于检验检测实验室之外进行管理，对样品全部进行密码编排处理，同时在样品室安装网络监控设备，对样品交接、存放、领取全过程进行监控，并定期对样品室进行监督考核，保证了检验样品安全、保密。

三是检验检测工作完成后，纪检、生产部门不定期地随机抽取样品室样品备份，对检验检测结果进行复现性比对，对复现性比对结果超出标准误差范围的，通过流程溯源，进行责任追究。此外，在工作中，还定期邀请油田主管部门，进行现场监督。

四是制定了《检验检测质量责任追究制度》《检验检测抽样管理办法》《检验检测人员行为规范》，开展了检验检测工作规范研究，制定了中心主要检验检测项目的检验检测规范标准。

（三）检验检测试验中的质量控制

检验检测实验主要包括测试人员测试、原始数据获取与分析运算三个环节。质量控制主要抓好以下三个方面：

（1）加强记录管理。要求试验记录能使各项质量活动具有可复现性，通过完整的记录资料可真实地再现检验检测试验全过程。记录要做到及时、信息完整、记载清楚、格式规范统一、易于填写、便于归档查阅。在日常工作中注意对记录资料进行科学分析，及时发现质量缺陷和未受控漏洞。

（2）对检验检测原始数据做科学处理。在对试验原始数据进行运算分析中，正确运用数据修约、近似数运算等方法处理数据，同时，运用不确定度对检验检测结果进行科学评价。

（3）开发数据处理软件。针对检验检测后数据处理的繁杂计算过程，研究开发数据处理软件，提高计算效率，同时，验证数据的正确性和采集数据的科学性。

（四）对检验检测报告的质量控制

对检验检测报告的质量检验检测包括对检验检测结果的校对、审核和报告编制、审定、发放、存档等步骤。在实际工作中应注意：报告表述准确、依据正确、结论明确；各工作步骤均要有相应责任人签字；检验检测报告应包含证明检验检测结果所必需的全部信息；试验委托书、原始记录和检验检测报告二者合一，一并存档管理。检验检测实验室的质量体系只有对这些过程实施文件化控制，使之形成系统的工作流程和可操作性强的规章制度，才能有效控制其运行。需要强调的是，在质量保证系统中应包括质量事故处理、申诉投诉处理程序，一旦出现质量事故或客户投诉等特殊情况，实验室就应按有关程序规定予以处理，这也是质量管理体系消除和预防质量缺陷、对所有可能出现情况，实施全方位控制的重要手段。

（五）明确各检验检测部门和相关人员的岗位职责

在"用户委托→样品接收→专业负责人下达任务→检验检测前准备→测试人员测试→数据记录、分析、运算→校对→编写报告→审核→出具报告"这一完整的质量活动链中，每个环节都有相应的职能部门和相关人员负责，各环节之间界限明确、职责清晰。岗位职责要层层落实到人，让实验室的每个检验检测人员都明确自己在质量活动链中的位置，知道自己的岗位需要负责和配合的工作。

（六）重视开展能力验证活动

能力验证是利用实验室间比对来确定实验室检验检测能力的一种验证活动，通过实验室间量值比对、方法比对来消除偏差，纠正或证明实验室的检验检测数据结果。能力验证是实验室质量管理非常重要的手段，对实验室来说，通过能力验证，可对该检验检测项目做到心中有数，如有问题能及早识别，制定相应的补救措施。实验室在进行完能力验证工作后，还要对比对结果进行科学分析和总结，从而进一步提高自己的检验检测水平。另外，能力验证可增加客户对实验室检验能力的信任，密切与其他实验室的联系，并从中获取更多信息，这对实验室的能力提升是非常重要的。

（七）持续改进管理体系，使之不断得到完善

检验检测实验室的质量管理体系在运行过程中需要不断改进和完善，发现不足之处的最直接途径有三条：质量体系审核、日常质量监督和用户投诉。实验室管理人员一旦发现问题，应及时调查分析原因，提出纠正措施，并监控纠正后的效果。此外，采用组织协调、统计技术、验证实验等手段都是改进质量管理的方式，这些措施的实施将最终提高检验检测数据的准确度和可靠性。

对检验检测实验室实施质量管理，不仅使检验检测工作规范化、标准化，而且实验室内部可提高效率、外部可获得用户信任和认可，产生一举多得的良好效果。针对

检验检测实验室在发展中出现的新情况、新问题，质量管理工作要持续改进、不断提高。只有这样，检验检测实验室才能得到真正意义上的自我完善和发展。

第七节　数据处理和审核

一、关于数据处理

（一）图示法

该项措施在很多的项目技术中都得到了显著的使用，它关键是以自身简明的特征合乎项目的发展规定。所谓的图示，具体地说就是使用图形来展示测量的信息，它的特征是非常的简单明了，能够以非常明确的形式得知数据的变动特征。但是，它也有一些不合理的地方，就是说在图形之中无法精准的得知函数联系，也不能够开展合理的分析。在使用这个措施开展数据处理活动的时候，要切实的按照如下三个层次的规定来开展工作：

应该在坐标之中明确分度值和它的相关信息等。虽说这个要素的意义并非是非常的关键。不过在开展文字描述的时候，还是要确保方向和坐标是一致的。如果相同的坐标中有很多的信息一起描述的话，就要布置一些差异，这样就可以明确，不应该发生信息无法辨别的现象。

认真的观测信息的精确性，要确保它和坐标纸的尺寸等保持一致。假如分度非常大的话，就会导致之前的信息不精准，此时导致测量的精确性不高。假如分度非常小的话，此时信息就会由于精确性太差而无法合乎相关的规定。上面的内容对于项目工作者来讲，是必须要知道的内容，也就是说获取的信息一般是分散的，不过在具体的设置图纸的时候，必须要使用曲线来描述，确保它们能够以一条非常平顺的曲线并非是弯折的线路来展示。虽说此时图纸中的许多点的方位和具体的信息之间不一样，存在一定的误差，不过总的精确性得到了显著的提升。当精确性非常高端时候，其获取的信息毕竟是存在于平顺的曲线之中的。当精确性不是很好的时候，可以尽量选取一条靠近最多点的曲线进行描绘。

（二）表格法

这个措施的使用性最高。在许多的测试活动中，首先要做的就是把获取的信息变为表格。进而对其再次的分析。但是，这个措施也有一定的不利性。第一，它表示的信息毕竟非常少，无法精准地体现出函数内容，无法明确信息的各种变量间的关联。

第二，其容易明确，不过对于深层次的分析来讲并不是很合理。表格具体来说主要有试验检验检测数据记录表和试验检验检测结果表两种。试验检验检测数据记录表相比之下要丰富一些，它包括多方面的内容，如检验检测目的、内容摘要、监测数据和仪器设备等，是一个原始数据的记录。

（三）经验公式法

某些曲线在做出来以后，通过直观的观察就能看出其与某些特定的函数有相像之处，通常把在这种情况下与曲线对应的那个函数称为经验公式。前文所述，所获得的数据都是可以用曲线来表示其内在函数关系的，但并不包括所有的数据。事实上，用一个公式来表达所有数据之间的关系是最为简明扼要的，便于直接获取自变量与应变量之间的关系，可以直接进行数学运算，还可以进行更深入的研究和探析，是非常理想的一种数据处理方法。在使用经验公式法时，首先要解决一系列的问题，即如何建立公式、建立一个什么样的公式、如何让公式最大程度表示所获取的数据等。其具体的步骤是：

描绘曲线以自变量为横坐标。应变量为纵坐标，将所获取的数据一一描绘到坐标纸上，然后按照前文所描述的原则和方法描出一条曲线。

分析曲线对所描出的曲线进行观察和分析，以此为依据来确定所选用的公式形式，一般来说，如果所描曲线为一条直线的话，就可以直接用一元线性回归方程来确定直线方程。如果所描曲线是一条曲线，那就需要根据曲线的形态、特点来确定曲线类型。

曲线化直在曲线的具体类型确定后，就可以通过将方程两边同时取对数的方法，将其化为直线方程，然后再继续按照一元线性回归方法来处理。

确定公式常量 $y=b+ax$ 表示的是所测量数据的直线方程或是化直后的直线方程，a和 b 都是通过在方程中代入实测的数据解方程组得到的。

（四）误差的表示

根据误差表示方法的区别，将误差分为绝对误差和相对误差。绝对误差是指实测值与真值之差。但要认识到一点，真值通常是不可能得到的，因此绝对误差也无法确定。在实践中，只能应用精度较高的仪器来进行测量，所得到的数据称为实际值。实际值相对来说就更接近于真值，以此来代替真值进行计算。绝对误差的首要性质就是有单位，与被测值的单位一致；其次就是绝对误差表示的是实际的偏差，但无法确切知道所测得误差的精确程度。

对于相对误差来讲，它并非是具体的内容，是一种比对内容。它的优点是其不但能够体现绝对的误差，同时还能够体现具体测量活动中的精确性，而且能够体现出其方向。误差比值，它不存在单位，通常是用百分比的形式来体现的。

1.关于误差的出处

在开展工作的时候，要有这样的一种认知。即误差是必然会存在的，要通过多种措施来降低，但是并无法完全的消除掉。不管是多么精确的设备，多么细致的工作者，都无法防止其发生。导致问题的要素非常多，比如装置不合理，环境改变，工作者的活动影响等等。在具体的工作中，导致问题的缘由非常多。

2.关于其类型

前文将误差根据其表示方法，分为了绝对误差和相对误差。在这里再根据其性质的差异将其分为系统误差、随机误差和过失误差。

系统误差是指在相同条件下多次重复试验时表现出的规律性的偏差。系统误差在试验开始前就已经存在，在试验过程中始终偏离至同一个方向不变，所以比较的易于得知，要进行多次的测试，积极的分析，明确其中的发展方向，在测试信息中就可以积极地改正。它只可以改正，并不无法去除。

随机误差是由很多难以避免的微小因素引起的，无规律．影响不大。通常来说，经多次重复试验，并运用概率论与数理统计等方法，就可以进行分析和处理。

过失误差是人为主观因素导致的。比如不正确读数，不正确的计算等等，通常来讲，存在这类现象的信息必须要弃用。在开展测试活动的时候，要尽量地避免其发生，也就是说它是能够通过一些注意细节而不出现。

二、环境监测数据审核

环境监测工作是指利用相关监测设备对制定环境中的各项指标进行检验检测，所获得的检验检测数据反映着环境的状态。由于人们对环境保护问题认知较晚，所以现阶段的环境监测仍处于发展阶段，水平有限，所获得数据往往存在着较多的误差，初步获得的数据不能充分反映环境的真实状态，如果不加以审核处理，很可能产生误导作用，不利于环境保护工作的顺利开展。故而在获得环境监测数据后，要进行数据的审核工作，审核无误后的数据方可以当作依据，针对不同污染物质的不同污染程度，采取不同的保护措施。可以说，环境监测数据审核是提高环境监测质量的必要环节，对环境保护工作有着非常重要的意义。

（一）环境监测数据审核内容分析

环境监测数据审核的核心是监测设备产生的数据，分别针对监测数据的原始性、完整性、实效性、规范性等进行审核。以下是对环境监测数据审核内容的具体分析：

1.监测数据原始性审核

监测数据的原始性非常重要，只有确保监测数据原始性，才有审核的意义，才能切实掌握环境的具体情况。原始性审核工作涉及的内容较多，第一、审核监测人员。

通常来讲，所有开展环境监测工作人员都必须持有上岗资格证，未取得资格证的工作人员不能单独完成监测与记录工作；第二、审核监测的真实性。所有的数据都必须来源于监测现场，只有确保了监测工作的真实性与有效性，才能确保监测数据的原始性；第三、审核监测数据的原始性。一般的监测数据记录需要借助人力完成，这就要求工作人员要准确记录，一旦记录成功后便不能随意修改，若发现记录错误，则要明确划掉错误数据重新记录，此时要注意的是必须附上修改人姓名及修改日期。

2. 监测数据完整性审核

完整的监测数据才能真实地反映出环境的具体状态，故而监测数据必要确保完整性。这就要求监测人员在监测过程中不仅要记录主要的监测数据，还要对所监测的环境的具体特点、所使用的监测仪器类别、型号以及状态、选用的监测方法、监测时间、监测地点等进行详细的记录，若有特殊情况要特别标注。

3. 监测数据实效性审核

环境不断发展变化，环境中的物质含量也呈动态变化，监测数据也不断发生改变，所以为了真实了解环境的污染情况，就必须确保监测数据的实效性。在监测采集样品后，为了尽可能地确保监测数据的实效性，要立即完成后续的监测采集数据工作，真实反映环境的基本特点。不仅如此，为了提高监测数据的准确性与可靠性，要多次测量比较，将原始数据误差降到最小。

4. 监测规范性审核

这里所说的规范性贯穿整个监测过程，不仅仅要求监测操作要标准规范，所采集的数据也要确保规范性。首先审核取样地点的规范性，所选用的取样地点能否代表目标环境进行下一步的监测工作；其次审核监测方法的规范性，采样方法及频率要切实满足监测需求；再者审核监测仪器，是否处于良好的工作状态；最后审核监测数据的规范性，规范性的记录所采集的数据，为后期的数据分析处理铺垫良好的基础。

（二）探讨环境监测数据审核方法

审核方法在一定程度上决定着审核质量，而审核质量又与后续的环境保护措施的采取息息相关，故而要针对不同的环境监测情况选择合适的审核方法，尽可能提高审核质量。以下是对环境监测数据审核方法的具体探讨：

1. 利用动态数据库进行数据审核

部分审核人员在对监测数据进行审核时，习惯于通过自身经验对异常点进行标定，并以此作为进一步调查工作的依据。这样的操作误差较大，且缺乏量化的数据支持。现阶段，随着环境监测工作的不断发展进步，动态数据库在环境监测审核中的应用越来越广泛。这里所说的动态数据库是指针对那些需要开展长期监测的监测地点，整合以往所获数据及处理分析过程，并且不断补充最新监测的数据，既可以建立环境监测数据库，又可以确保实时动态更新。建立动态数据库的优势在于将最新获得的数据与以往所获的数据形成一种对比，经过简单的分析得出环境具体情况的趋势走向，借以判断环境的发展情况，在一定程度上反映着环境保护的效果。但在建立这种动态数据库时，要有较强的规范性，否则很容易出现数据错乱的情况，降低环境监测质量，失去动态数据库建立的意义的同时也以影响着后续环境保护工作的开展。

2. 利用物料衡算审核监测结果

物料衡算也是一种有效的审核方法，这种审核方法适用于排污情况监测。污物净化处理费用较高，很多企业违规排放，且为了避免被人发现，明修栈道暗度陈仓，审核人员在审核过程中，使用一般的审核方法并不能确保监测结果的真实性。因此，可以采用物料衡算的思想进行环境监测数据的审核。以企业污水排放量为例，通常将企业的实际用水量作为排污量参考基数，用于与实际监测所得污水量进行对比。

3. 利用经验系数指导数据审核

在开展环境监测数据的审核时，有时会遇到监测对象缺乏历史数据作为参考，而监测人员又缺乏对该监测点的感性认识的情况。此时，难以通过动态数据或物料衡算的方法进行监测数据的审核。为应对这一状况，需要监测人员利用自身长期积累的数据经验系数、专业知识等开展审核工作。经验系数还可用于一些需对异常数据进行判定的情况，当监测所得的数据反映出监测点的严重异常时，可首先通过经验进行原因判定，再采取进一步的检验措施。

综上浅述，环境监测数据审核对于环境监测乃至环境保护都有着非常重要的意义，若要确保环境监测数据审核质量，必要熟练掌握审核基本内容及方法。现阶段我国的环境监测处于起步发展阶段，有关人员要加大对监测数据审核的研究力度，推动环境监测的进一步发展。

第八节　原始记录管理

原始记录是检定、校准和检验检测工作的客观依据，原始记录的格式应依据计量检定规程、校准规范和技术标准设计制作，每份原始记录的录入填写应客观、准确与完整。

JJF1069-2012《法定计量检定机构考核规范》中也明确规定："应建立并保持记录，以提供符合要求和管理体系有效运行的证据"，体现出原始记录在检定（校准）、出具证书整个环节中的重要地位。

要保证原始记录的规范及数据的准确性，应采取以下措施：

一、记录内容要规范、完整

检定、校准及测试报告所对应的原始记录要规范化、格式化，记录格式应依据计量检定规程、计量检定系统表和有关的规范性技术文件要求编制，以便日后通过原始记录可以重现当日的检定、校准或测试过程。

原始记录应包括；使用单位、计量器具名称、规格型号、制造厂家、产品编号、测量范围、准确度等级、环境温度、相对湿度、技术依据、标准器信息、主要辅助设备的名称及型号、校准各项指标数据表、偏差、重复性及不确定度等内容，同时还要准确填写证书编号、原始记录编号及操作员、核验员、日期等信息。

原始记录应有唯一性标识，以利于识别，标识包括：记录的名称及其代码。

二、记录数据要准确、可靠

原始记录应该具有真实性和准确性的特点，要使原始记录中通过检验检测得到的数据准确可靠，必须要求检定人员认真操作标准仪器设备，准确、完整的读数，清楚、明了的记录。

要保证原始记录的准确性，就要做好以下 3 个方面：

（一）数据采集

检定数据一定要一次性采集完成，不能存在时间间隔。对有疑问的检定、校准数据，要采用几种不同的测量方法和不同的测量仪器加以验证，以保证检定、校准数据的准确性，做到严肃认真，实事求是。而对于一个被测量来讲，应根据其精度的不同，采取能最大限度满足其测量精度要求的测量方法和测量仪器。

（二）数据记录

原始记录要使用规范的阿拉伯数字、中文简化字、英文和其他文字或数字，术语的使用要与 JJF1001-2011《通用计量术语及定义》和规程、规范等方法文件中的术语一致。对原始记录中的计量单位一定要严格使用法定计量单位，例如；MPa（不应写为 mpa）、k N（不应写为 KN）。

（三）数据处理

原始记录数据的处理要求数字的修约和误差或不确定度的表达方式都应符合 GB8170-2008《数据修约规则》及 JJF1059-2012《测量不确定度评定与表示》的规定，原始记录中的数据处理按照计量检定规程执行。要考虑不确定度的主要来源，计算出合成不确定度，以示测量的真值所处量值的范围，从而得到一个准确、可靠、合法的数据。

如果检定原始记录不准确，将导致检定、校准或测试的结果可信度降低，为事后查验核对检定、校准或测试的结果确认带来诸多不便，严重者可导致对检定、校准或测试的数据无法追溯，不仅给送检单位造成巨大损失，也损害了计量机构的整体形象。

三、记录管理要严格、科学

在计量检定机构中，原始记录是检验检定工作质量、追溯计量器具过去的运行状态、处理检定质量申诉和解决计量纠纷的重要依据。因此要严格管理，妥善保存。为保证质量管理体系文件的贯彻执行及检定、校准结果的真实性，并使得检验检测结果具有再现性和可追溯性，同时也为纠正和预防措施提供依据，实验室应建立《记录控制程序》。

（一）记录管理

设置集收发、收费、证书打印及原始记录存档为一体的业务室，全面实现计算机网络管理。业务室人员依据原始记录对检定、校准证书进行严格审批，并实现证书的打印，做到证书与原始记录数据必须相吻合。

对原始记录提交不及时的、检定、校准规程依据不准确的、各项数据填写不规范的，如；原始记录编号空缺的、没有检定员及核验员签字的、检定数据填写有缺项的、记录错误处划改需加签名或盖章原则的等等，一律不予打印出具证书，这样即促进了检定、校准工作的开展，又从源头避免了出假证或不检定就出证的行为，保证了原始记录具有的可操作性、可检查性、可见证性、可追溯性及系统性的特性，提升了计量测试机构检定、校准的工作质量和整体测量水平。

同时应在质量管理部门设置专人专岗，审核各检定科室填报的原始记录，在计量管理软件中通过检验检测单位名称、证书编号、原始记录编号或计量器具编号等信息进行检索，实现网上抽查记录。

（二）记录保存

原始记录的电子档案应长期保存，纸制原始记录至少保存三年以上（有特殊要求的按规定执行）。记录要按编码分类、依日期顺序归档保存。对于电子储存记录，要做好备份和授权加密措施，以避免原始数据的丢失或改动。

在保存期内的原始记录要安全妥善地存放，防止损坏、变质、丢失，要科学地管理，以便及时纠正其失真、失实或模糊不清，防止记录失控或失去使用价值。相关方要求查阅、复制记录时，须经记录管理部门及分管领导批准后，方可进行，并由记录管理人员登记备案。

（三）记录销毁

对超过保存期限的记录，由记录保管部门填写《记录销毁清单》，报单位负责人审核，批准后实施销毁。

计量技术机构要想提升计量检定、校准或检验检测的工作质量和计量技术机构的整体测量水平，必须高度重视原始记录、检定（校准）证书的作用，认真对待计量检定的每个环节，从细节做起，认真采集数据，同时，也要提升检定人员业务素质，提高原始记录填写质量，这样才能提供准确、可靠的数据，原始记录才能经得起检验，法定计量技术机构才能出具客观、公正的检定、校准报告，才能为事后查验和对检定、校准或测试的结果确认，提供有效的依据。

第五章 放射性检验检测方法与判定标准研究

第一节 建材放射性的检验检测与判定标准

随着建材行业的发展，建材产品种类逐渐丰富。但是随着建材产品种类的逐渐增多，建材产品中出现了部分具有放射性的产品，这些产品如果被应用到建设施工当中，很容易对人体造成危害。因此，要采用先进的建材监测手段，对具有放射性危害的建材产品进行检验检测，从而保障建材产品的质量安全，进而保障人民群众的身体健康。本书从建材监测手段的应用对建材产品的放射性进行了简要的探究，仅供参考。

一般来说，我国的建材产品中存在部分具有放射性的建材产品，这些产品对于人体具有一定的危害。随着科学技术水平的提高，我国建材行业对建材监测手段进行了改进，并将其运用到建材产品的检验工作当中，从而保障了建材产品的质量安全。建材检验检测手段的应用能够有效检验检测出具有放射性的建材产品，从而减少此类产品被应用到建设施工当中，进而保障了人体的健康。

一、建材行业检验检测水平提升的依据

近年来，我国经济取得了极大的发展，在这一环境之下，我国的建材行业也取得了极大的发展。在建材行业的发展中，成绩最为突出的就是建材检验检测手段的发展。科学的进步使得建材检验检测手段得到了进一步的改进，由过去的单一检验检测方法，发展为如今的多样检验检测方法。除了检验检测方法的改进，检验检测计算的速度也在科学技术发展的基础下得到了更新，检验检测速度的提高，使得相关人员能够及时了解到建材产品的质量，从而保障建设施工的进度。

在科学技术飞速发展的今天，传统的检验检测方法和检验检测手段，已经不能够适应现代检验检测工作的要求，其只有不断进行检验检测手段的改进，才能够适应现代检验检测工作的要求。计算机技术的引用，使得检验检测的速度更加的快捷，检验检测的结果更加精确，保障了建材产品的质量，对建材行业的发展具有积极的推动作用。

二、建材产品的放射性检验检测概述及放射性的来源

（一）建材产品的放射性检验检测概述

一般来说，每一种事物都具有一定的放射性，但是有些物质的放射性对人体不会造成危害，而有些物质的放射性对人体的危害就比较大。在建筑行业的发展中，过去的建材产品种类比较单一，其制作施工手段也相对比较简单，建材产品的放射性不足以对人体造成危害。而随着制作手段的改进，建材产品的种类逐渐增多，其中部分建材产品具有较强的放射性，对人体的危害较为严重。当这些具有高放射性的建材产品被应用于建设施工中时，会对人类的生存环境造成极大的影响，从而影响人们的身体健康。因此，人们对于建材产品中的放射性危害越来越重视。国家针对这种建材产品的高放射性问题也进行了相关的规定，以控制放射指标，减少建材产品放射性对人体的危害。

除了国家的相关规定之外，我国的建材行业也将各种建材检验检测手段，应用到建材产品放射性检验中，对建材产品生产的各个方面进行严格的把控，从而减少放射物质的使用，以降低建材产品的放射性，从而提高建材产品的质量，使得建材产品能够放心的投入使用。

（二）建材产品放射性的来源

我国的建材产品的制作所采用的原料通常为工业废渣，利用工业废渣进行建材产品的制作和生产，在很大程度上可以节省生产制造的成本，而且能够将废物回收利用，可以减少资源的浪费。但是就我国目前建材产品所使用的工业废渣原料的实际情况而言，工业废渣中的各个物质中都具有较强的放射性，这些物质被应用到建材产品的制造中，会使得建材产品具有较强的放射性，从而对人体造成危害。虽然要贯彻落实节能减排意识，将工业废渣进行回收利用，但是也要对工业废渣进行合理的选择，不能够将建材行业作为各种工业废渣回收处理的基地。如果不加节制的将各种工业废渣应用到建材产品的制造生产中，就会使得建材产品原有的安全性遭到破坏，从而增加某些建材产品的放射性，进而对人体造成危害。

三、建筑产品放射性物质检验检测技术分析

（一）γ能谱仪检验检测原理

在该种技术运用的过程中，主要是采用了天然性的放射性 γ 射线元素。在能谱中所发射出的 γ 射线也就是指入射的 γ 射线能量。基本的检验检测过程就是通过 γ 射线的运用，将其作为探头，在探头产生之后会产生光点效应之下的光谱差异，然后

在通过线性放大将相关设计内容记录在仪器数据储备资源之中。并在最后，通过对特征分子的分析，进行物质材料放射强度的分析。

（二）检验检测步骤

1. 样品制备

在样品制备的过程中，相关检验检测人员应该随机选择两份同样重的样品，将其中的一份作为检验样品进行试验。在样品准备中，首先应将样品磨碎，然后在使用0.16mm 的方孔孔筛选择不大于0.16mm 的样品，对其进行称重处理，所称重的物质应该将其经确定0.1g，然后将所制备的样品放入在标准相同的器皿之中，封闭之后，进行待测处理。

2. 数据库的检验检测

在样品检验检测的过程中，放射性物质的强弱应会根据物质测量的时间进行规定，通常情况下，测量所消耗的时间为2~4h，因此，在建立标准数据库时，应该先测量然后再将所测量的数据进行保存，实现数据的合理输入。

3. 能量刻度

在建筑材料放射性物质检验检测的过程中，通常会将道数与 γ 光子能量进行充分结合，所形成的关系被称之为能量刻度。在能量刻度分析中，会通过寻峰程序发现程序中所包含的全能峰能力，完成对存在物质的分析。例如，在已知放射性物质检验检测的过程中，应该通过对软件所规定的要求，进行能量刻度的分析，使系统在运行中自动完成刻度设计。例如，在测量建材物质钾标准的过程中，应该在40K 标准谱中进行最高峰值的确立，需要注意的是最高峰值的能量为1460.7ke V。通过这种保准能量与峰值的对比分析，完善监测能量刻度的合理设计。

4. 放射性平衡状态的分析

γ 谱仪在检验检测镭物质时，其实际所得到的镭是子体氡以及氡子体的 γ 射线，在理论计算中是在物质密封放置20d 所得到的结果。

通过检验检测技术的系统性优化，可以为检验检测产品放射性材料的检验检测提供科学化的检验检测标准，从而全面促进建筑企业安全、稳定性的发展。

总而言之，在建材产品设计及生产的过程中，由于放射性材料的运用会在某种程度上严重影响人们的身体健康，因此，在产品生产中，放射性建材产品的检验检测技术是十分重要的。文章在研究中，对放射性物质进行了研究，同时也构建了系统性的检验检测技术，核心目的是通过检验检测技术的优化，强化对放射性物质的检验检测，从而为建材产品的安全生产提供良好依据。

四、建材放射性判定标准

《GB6566-2010 建筑材料放射性核素限量》由中国建筑材料联合会提出；经中国建筑材料科学研究总院、中国疾病预防控制中心辐射防护与核安全医学所、中国建筑材料工业地质勘查中心、中国地质大学、中国建筑材料检验认证中心的马振珠、韩颖、王南萍、徐翠华、王玉和、李增宽、张永贵起草；中华人民共和国国家质量监督检验检疫总局、中国国家标准化管理委员会联合发布；中国标准出版社正式出版发行，于2011 年 7 月 1 日施行。

该标准中第 3 章为强制性条款。

该标准规定了建筑材料放射性核素限量和天然放射性核素镭 -226、钍 -232、钾 -40 放射性比活度的试验方法。该标准适用于对放射性核素限量有要求的无机非金属类建筑材料。

该标准代替 GB6566-2001《建筑材料放射性核素限量》。

该标准在 GB6566-2001 的基础上做了如下修改：对该标准适用范围进行了修改；删除了原标准中的检验规则部分；测量不确定度采用《国际计量学基本和通用术语词汇表》中术语定义；将原标准中取样量每份不少于 3kg 改为每份不少于 2kg；仪器中增加了对天平的规定，样品称量精确至 0.1g；结果计算保留一位小数；按照新的标准编写要求对部分章节进行了调整。

第二节　海水放射性核素富集检验检测

随着科技的发展和进步，人们对能源的需求量与日俱增。从环境保护的角度来看，核能的能量密集，功率高，易储存，且比较清洁。因此，近年来世界各国都迅速发展核工业。核电厂的建设虽然缓解了能源紧张的情况，但是随之也带来很多环境安全问题。2011 年 3 月 11 日，日本东北部发生里氏 9.0 级大地震和强烈海啸，进而引发东京电力公司福岛第一核电厂发生事故，第四单元的废气排放、氢气爆炸和失控燃料池内的火灾向大气中释放了大量放射性核素。除此之外，由于事故后用淡水和海水冷却反应器，导致从损毁的反应器中排放出高浓度的废水，直接造成了海水的放射性污染。日本福岛核事故是人类史上第一次在沿海地区发生核泄漏从而对海洋环境造成直接污染的意外事件，由此引起人们对海洋辐射安全问题的广泛关注。目前我国沿海地区分布有大量在运行及在建的核电厂，为此，急需建立针对应急状态和日常环境的监测体系，亦即建立海水中高浓度放射性核素的快速检验检测以及低浓度快速富集与检验检测体系。本书结合国内外的监测技术发展现状，阐述了海洋放射性核素的常用富集检验检测方法。

目前，对水体中的放射性核素的监测主要采用以下三种方法：水下就地 γ 能谱测量方法、常规海上取样和实验室分析方法及现场富集检验检测技术。

一、水下就地 γ 能谱测量方法

针对应急监测核电海域高浓度放射性的需求，水下 γ 能谱测量系统应运而生，根据其功能及系统搭载平台，可将其划分为三类：浮标式水下能谱测量系统、拖曳式水下能谱测量系统以及搭载于载人潜器或遥控潜器上的游弋式水下能谱测量系统。

（一）浮标式水下 γ 能谱测量系统

浮标式水下 γ 能谱测量系统是将测量仪器直接搭载于海面浮标上，主要用于监测表层海水的放射性。

杨本等于 1999 年，针对核设施排放废水和环境水体的放射性监测，研制了一套浸没水中 γ 自动监测仪。该仪器探头采用探测灵敏度高且能量分辨率好的 Na I 探头，对 ^{137}Cs 的能量分辨率约为 8%。探测器能在水下 3 m 工作，温度在 0~40℃变化时，计数效率变化保持在 ±10% 以内。在 2 m³ 的水体模型中的探测下限为 2 000 Bq/m³，在大水体中探测器的探测下限为 450 Bq/m³。

曾志等在 2013 年，研制了一套基于 Na I(Tl) 闪烁体的海水放射性监测装置，并对此装置的性能进行了初步测试。该装置探头部分由 40 mm×40 mm 的 Na I(Tl) 晶体和光电倍增管及相关电子学元件组成，对 137Cs 的能量分辨率为 14.3%。通过对海水实测，计算出该装置对 137Cs 的最小可探测活度为 586 Bq/m³。

希腊海洋研究中心于 2005 年，设计了一套由 11 个海洋浮标及 1 个控制中心组成的就地监测网系统——海神系统，用于检验检测爱琴海的 γ 活度。该水下探测系统由尺寸为 3×3 英寸（76 mm×76 mm）的 Na I(Tl) 晶体及相应的光电倍增管、前置放大器、供电电源和供数据收集和传输的电子器件组成。γ 谱仪采用 512 道多道分析器，最高可探测能量为 2 000 ke V，对 137Cs 能量分辨率约为 7.6%。仪器可在 -10~50℃范围内运行，使用深度为 3 m。浮标探测器与控制中心间的数据传输有两种途径：国际海事卫星通信和 GSM 单元电话通信。GSM 通信系统由于其依赖于陆地位置，所以仅适用于近海岸的浮标。国际海事卫星通信系统适用于所有海洋中采样点的数据传输，每 3 小时自动向控制中心发送数据。该探测器在测量时间为 1 d 的情况下，对 ^{137}Cs 的探测下限是 18 Bq/m³。

国际原子能机构海洋环境实验室（IAEA-MEL）与爱尔兰辐射防护研究院（RPII）合作，将 RADAM 谱仪安装在海上浮标测量系统中，用于监测爱尔兰海的海水放射性。该谱仪采用 3×3 英寸（76 mm×76 mm）的 Na I（Tl）闪烁晶体，512 道的多道分析器，能量分辨率为 7%，对海水中 137Cs 核素的探测下限是 19 Bq/m³（测量时间 1 d）、7 Bq/m³（7 d）、4 Bq/m³（30 d）。该系统利用国际海事卫星经过挪威的地面基站，实现双向数据传输，由 IAEA-MEL 控制浮标上的电子设备并接收和处理全部测量数据。该系统具备硬件和软件修正能力，保障了探测器长期运行的稳定性。

（二）拖曳式水下 γ 能谱测量系统

拖曳式水下 γ 能谱测量系统通常用于海底底质放射性水平的测量，测量结果用于地质填图和矿物质勘探等工作。

侯胜利等研制了中国第一台海底拖曳式多道 γ 射线能谱仪，仪器硬件主要包括两大部分：在海底拖曳的水下部分和位于船上的水上部分。水下部分是用来探测海底沉积物中放射性核素产生的 γ 射线，并将其转换成数字信号，形成谱数据文件，然后经过长电缆传输给水上部分。课题组还用此仪器在渤海地区进行了初次用于勘查油气田的测量试验，结果表明：仪器可以在现场测量海底沉积物、岩石等的天然放射性核素铀、钍、钾（40K）的含量。

IAEA-MEL 于 1999 年，用英国地质调查局（BGS）组装的一套拖曳式水下 γ 能谱测量系统来研究南太平洋核武器实验场 Mururoa 和 Fangataufa 的海底放射性污染。该系统由潜水探测器、船上电脑和直流电源组成。潜水探测器外壳为长 130 cm，直径 7 cm 的防水不锈钢管，内部包裹有 152 mm×55 mm 的 Na I（Tl）晶体、光电倍增管以及压强、温度和海底粗糙度传感器和电路板。在拖曳模式下，探测器可以 4~5 节的速度下潜至 700 m。探测器对 137Cs 和 60Co 的分辨率分别为 7.8% 和 6.3%。

IAEA-MEL 还于 2001 年，将高探测效率的 Na I（Tl）和高分辨率的 HPGe 联用，用以探测海洋环境中人工放射性核素的污染情况。该双探头 γ 能谱仪系统包含两个独立的 Na I（Tl）和 HPGe 探测器单元。HPGe 探测器使用前需用液氮将其中的丙烷冷却至 20 K。但如果丙烷容器和系统外壳间的真空度为 $3×10^{-4}$bar（1 bar=100 k Pa）时，探测器则无需额外制冷，且可在 20~120 K 温度范围内工作 24 h。大型 Na I（Tl）晶体（尺寸为 100 mm×150 mm）与收集和处理谱图的电子器件一同封装在不锈钢钛管中，这些器件也与 HPGe 的前置放大器和船上电脑及供电系统相连接。最后将所有器件封装在一个聚乙烯板内，防止仪器在海底拖曳过程中发生损伤。

BGS 与荷兰的核地球物理部 Kernfysisch Versneller 研究所（NGD/KVI）合作，研制了一种海底拖曳式 γ 谱仪系统，用以探测苏格兰凯斯内斯郡当雷核电厂附近海域的含 137Cs 放射性颗粒。该系统由基于 Na I（Tl）的探测器系统发展而来，采用直径为 5 cm，长度为 15 cm 的 BGO（$Bi_4Ge_3O_{12}$）晶体作为探测器，能量分辨率 7%。探测器被特氟龙反射箔（厚度为 0.3 mm）、不锈钢外壳（厚度为 0.8 cm）以及铝管（厚度为 0.15 cm）包裹。再封装于铝制的抗压壳（厚度为 0.325 cm）中，最后再在外面包裹一层 PVC 保护管（厚度为 0.5 cm），使其可在海底拖曳。

日本的国家海事研究所于 2016 年，采用拖曳式 γ 谱仪系统测量沉积物中的放射性铯的浓度，该探测系统名为"RESQ 管"。系统由拖曳电缆、记录器、深度传感器、Na I（Tl）探测器和声呐组成，外部包裹有橡皮软管和 PVC 管。每秒由 Na I（Tl）闪烁探测器、光电倍增管（PMT）和多道分析器获取到 γ 射线光谱，同时记录温度和深度。RESQ 管尾部的声呐单元可以检验检测掩埋深度。用该系统测得日本东北部的 Abukuma 河的河口附近放射性铯浓度比核电厂北部 Sendai 湾要高一倍。该区域沉积物中的放射性物质受河流涌入的影响较大。

（三）游弋式水下 γ 能谱测量系统

搭载于潜水器的水下 γ 能谱测量系统可以对包括浅表海水和海底底质在内的立体区域的放射性水平进行测量，将这种系统称为游弋式水下 γ 能谱测量系统。

美国环保局国家卫生和环境影响研究实验室及能源部遥感实验室等机构合作，设计了一套便携式的水下辐射光谱识别系统（URSIS），用来就地检验检测海水的放射性。利用遥控和载人潜水器，该系统可以实现靠近（5~10 cm）废水容器以进行充分的探测，还可以对放射性物质进行实时监测。系统主要由防水层、Na I 探测器、多道脉冲高度分析仪及便携式笔记本电脑系统组成。防水层由 1.6 cm 厚的 PVC 塑料管组成，外径为 13 cm，长度为 87 cm。内部的 Na I 晶体直径为 7.6 cm，长度为 15.24 cm。由于 Na I 晶体易碎且对使用时的环境温度变化较敏感，所以在夜间需将其冷藏，而在运输或水下使用准备阶段过程中，则需将其放置于冰柜中。该探测器对 137Cs 的能量分辨率为 7.6%，使用其内部电池可连续工作 24 h。

俄罗斯研究中心 Kurchatov 研究所研制了搭载于潜水器的 γ 光谱仪——REM-10 系统，用于 γ 射线核素的就地水下测量。该系统采用直径和长度均为 20 cm 的 Na I（Tl）晶体作为探测元件。探测器被放置于钛制的盒中，且通过 40 mm 的石英玻璃与光电倍增管及电子元件分离开。光谱仪对 137Cs 的能量分辨率不超过 12%。此系统可以依靠内部电源独立工作，连续测量时间取决于电池容量，通常在 20~40 h 范围内，对 137Cs 的检验检测限为 50 Bq/m³。

此外，俄罗斯研究中心的核反应堆研究所在此系统的基础上改进，研制出了 REM-26 系统。该系统采用尺寸为 6 cm × 10 cm 的 Na I（Tl）晶体作为探测元件，改进后能量分辨率将至 7%，对 137Cs 的检验检测限为 200 Bq/m³。采用钛作为外壳材料，最大浸没深度可达 2 000 m。测量分为两个等级，一是表层海水（2~5 m），另一个为海洋底部，并通过回声定位测量点的位置。

由此可知，采用水下就地 γ 能谱测量方法检验检测核素浓度具有操作方便，可以在线监测的优点。但是由于测量时间长，检验检测限高，探测器容易被海水腐蚀，且有些设备检验检测条件需求高（如要保持低温），所以不适合用于对低浓度放射性核素进行快速检验检测及连续监测。

二、常规海上取样和实验室分析方法

用常规海上取样和实验室分析方法测量海水放射性核素浓度，需要采集大量海水样品，并对样品进行预处理，再采取相应的测量方法进行测量。

（一）样品的采集

单个样品的采水量大都在 10~1 000 L 范围。表层水可用潜水泵采样，也可用水桶打水。深层水采样要用专用设备。更大体积的采样，可重复多次实现。大批量海水的采样要用专用船。

（二）样品的处理

样品预处理包括溶解相与颗粒相的分离、溶解态同位素的浓缩。浓缩方法分为直接蒸发法、共沉淀法、离子交换法和萃取法。蒸发法较费时，一般只适合于浓缩 10 L 以下体积的样品，离子交换与萃取方法在很多情况下，只能用于少数核素的分离纯化。共沉淀方法是低水平放射性核素分离浓缩最常用的方法，常用的氢氧化铁沉淀法可共沉淀大部分天然放射性核素。也有用亚铁氰钴钾共沉淀多种核素的报道。

国标 GB 6767—86 中规定 ^{137}Cs 的分析方法为：在水样中定量加入稳定铯载体，并在硝酸介质中用磷钼酸铵吸附浓缩铯，再用氢氧化钠溶液溶解磷钼酸铵，在柠檬酸和乙酸介质中以碘铋酸铯沉淀形式分离纯化铯，以低本底 β 射线测量仪进行计数。此方法的测定范围为 10~10 000 Bq/m³。

刘俊峰等对国标进行了改进，并应用改进的磷钼酸铵（AMP）富集法吸附浓缩海水中的 ^{137}Cs，采用 γ 谱仪进行测量。结果表明，改进磷钼酸铵法最佳的实验条件为：量取 20~100 L 海水样品，调节 pH 1.2~3.3，按每 5 L 水样 50 mg、1 g 的比例分别先后加入铯载体和 40~60 目的磷钼酸铵（AMP），通入 30 L/min 的气泡搅拌 30 min，放置澄清 4 h 以上（一般放置时间不超过 24 h）。

广东省环境辐射监测中心（GERC）根据《海水中 γ 核素浓集方法实施细则》，使用 H_2O_2 与 $KMnO_4$ 反应产生的 MnO_2 和 $K_2CoFe(CN)_6$ 共沉淀吸附海水中的 γ 核素并测量其浓度。测量过程如下：取 30~50 L 海水，用 HCl 或 HNO_3 调节 pH≤2。按一定比例加入 $AgNO_3$，放置 12 h，去除沉淀。向溶液中加入 $KMnO_4$ 和 H_2O_2，之后加入 $K_2CoFe(CN)_6$，放置 12 h 后，将沉淀分离出来并烘干。在样品制备完成后 3 周以内，用 HPGe γ 谱仪测量 24 h。采用此方法对 238U、137Cs、232Th、60Co 的最小可探测活度浓度分别为 15、1.5、5.2、1.7 Bq/m³。

保加利亚科兹洛杜伊核电厂环境监测部门设计了一种分析大量环境水样中放射性铯（¹³⁴Cs 和 ¹³⁷Cs）的方法。具体过程如下：取 50~200 L 水样，过滤后，对其酸化处理，使得 pH 为 2~3。加入 Cs+ 载体后搅拌 5 min。混合 Cu(NO₃)₂ 和 Na₄[Fe(CN)₆] 溶液后，生成 CuFC，并将其加入水样中。静置一晚后，去除上清液并离心分离，获得沉淀物。加入 NaOH 并搅拌，直至棕色变为蓝色。转移出蓝色沉淀，400℃下燃烧 24 h。接着加入 HNO₃，搅拌并加热，以完全溶解铜和铁盐。然后加入 NaOH 调节 pH 为 10~11。离心分离后，收集上清液。向溶液中加入醋酸调节 pH 为 4~6，用水稀释。加入四苯硼钠（NaTPB）并搅拌。过滤出沉淀物并干燥。最后称重并计算。该方法检验检测限为 0.05 Bq/m³，精密度和准确度较高，且不受溶液中 K+ 浓度的影响。

GB/T 13272—91 中规定 ¹³¹I 的分析方法为：取 10 L 水样，用强碱性阴离子交换树脂浓集 ¹³¹I，再经过次氯酸钠解吸、四氯化碳萃取、亚硫酸氢钠还原。然后水反萃，制成碘化银沉淀源。最后用低本底 β 测量装置或低本底 γ 谱仪测量。本方法对 β 放射性的探测下限为 3 Bq/m³，对 γ 放射性的探测下限为 4 Bq/m³。

Povinec 等用以下方法检验检测福岛近海岸（30~600 km）的 ¹²⁹I 的放射性浓度：取 200~500 mL 水样，加入 125I- 并转移至分离漏斗，加入 127I 载体后，再加入 NaHSO₃ 和 HNO₃，使得所有的无机碘转化为碘离子，再加入 NaNO₂ 使碘离子氧化为 I₂，然后萃取至 CHCl₃。再用 NaHSO₃ 将 CHCl₃ 中的碘反萃取至水中。再加入 AgNO₃，使得 I 离子沉淀为 AgI，离心分离。将 AgI 干燥，用加速器质谱（AMS）检验检测 ¹²⁹I。沉淀中的 ¹²⁵I 用 NaI(Tl)γ-探测器进行定量以监控分离过程中的碘产量。用 ICP-MS 对 ¹²⁷I 定量。

Hou 等在研究福岛近海岸 129I 的深度分布时用到如下方法：取过滤后的海水样品 0.5~1 L，加入 ¹²⁵I-。通过阴离子交换柱，并用 NaNO₃ 清洗后，用 NaClO 洗下柱子上的碘化物。用 CHCl₃ 分离碘化物、碘酸盐和初始海水中的总碘。然后加入 AgNO₃ 制备 AgI，用 AMS 检验检测 ¹²⁹I。

由此可知，用常规海上取样和实验室分析方法，需要在现场采集大量的水体样品，然后搬运回实验室，进行浓缩检验检测。整个过程需耗时 3~4 天，检验检测下限为 0.0001~10 Bq/m³。且由于需要样品数量大、采样比较困难，此方法采样频次一般都不高，因此时效性和应急性差。

三、海水中放射性核素现场富集检验检测技术

针对以上情况，国际上已开始着手研究海水中放射性核素的快速富集方法。澳大利亚辐射防护和核安全署研发了一种用于从大量海水中原位提取铯（¹³⁷Cs 和 ¹³⁴Cs）

的装置，用来监测澳大利亚海域的核素浓度。该装置由四个过滤器串联组成。前两个过滤器的作用为去除海水中的悬浮物，后两个过滤器负载有钾铜亚铁氰化物，用来提取核素铯。提取完成后，将过滤器烧灰。然后将灰转移至培养皿中，通过高分辨率 γ 能谱测量至少 24 h 来确定 ^{137}Cs 和 ^{134}Cs 的浓度。整个过程总计约 60 h，检验检测限为 0.2 Bq/m³。该装置的实际应用证明，它适用于低浓度核素的环境样品，且装置的组装和运行成本较低，不会造成二次污染。

本书对海水中主要放射性核素的监测与分析方法进行了概述。目前，对水体中的放射性核素的监测主要采用的方法中，水下就地 γ 能谱测量方法虽然能够运用于应急监测，但由于仪器设备检验检测限的限制，无法对低浓度放射性核素实现快速检验检测与长期监测。而常规海上取样和实验室分析方法过程烦琐、耗时长、成本高，时效性和应急性较差。因此急需发展现场富集检验检测技术。研究针对水体中多种放射性核素的快速富集方法，提高整个富集与测量流程的实效性，已经成为我国环境监测中的迫切需求，具有非常重要的意义。目前，水体中放射性核素监测技术已向着快速、灵敏且操作简便等方向发展，重点包括：①研制具有选择性的体相纳米复合材料，且其同时具有一定的机械强度，便于填装制成富集柱；②将富集装置与 γ 谱仪等检验检测装置连接，对放射性核素实现实时监测。

由此，需从以下几个方面考虑，建立一种快速、灵敏、准确且操作简便的富集检验检测方法：

首先是对水样中低浓度的放射性核素的富集，需研制一种兼具高选择性和高富集效率，且可快速达到富集目的的纳米复合材料。现有的现场富集检验检测技术中，富集材料的制备主要采用将富集柱浸泡至吸附材料中的方法，因此对核素的富集存在单一性、效率低等缺点，且难以实现对不同放射性核素进行同时富集。所以需发展体相材料，提高富集材料的负载量，增大材料对核素的吸附量，从而提高富集效率。

其次，富集完成后，需对富集柱检验检测分析，确定富集的核素量。现有的分析方法多是将富集材料干燥或烧灰，然后用 γ 谱仪进行测量，这个过程耗时长且较烦琐，不能及时获得监测数据。因此需要研究将富集装置与 γ 谱仪等检验检测装置连接，实时获取数据，从而对放射性核素实现实时监测。

第三节　放射性泄漏气体检验检测技术

核能和核技术的发展为国民经济的带来了不可估量的积极作用，但核安全问题也成为不容忽视的重要问题。温茨凯尔（Windscale）核反应堆事故、三里岛核电厂事故、切尔诺贝利核电厂事故、福岛核电厂事故等所产生的放射性物质泄漏对环境造成极大损害。由于裂变产生的放射性气体比放射性气溶胶更容易泄漏，且无须额外添加示踪剂，是表征核设施泄漏的直接依据，因此高灵敏度地检验检测放射性裂变气体，对于核设施的安全运行具有十分重要的意义。

然而，在漏率较低的情况下，且空气对放射性核素的扩散、稀释作用，放射性气体的探测易受环境放射性影响，将降低探测灵敏度。因此，需要在有限的测量周期内采用气体富集、低本底测量以及测量流程的优化设计等方法提高测量结果的灵敏度。本书在介绍泄漏检验检测技术特点的基础上，调研分析了放射性泄漏气体富集技术和低本底测量技术，为放射性泄漏气体检验检测技术研究和设备研制提供参考。

一、泄漏检验检测技术概述

通常，气体通过均匀多孔介质、非均匀多孔介质、贯通的裂隙泄漏到环境中。气体泄漏检验检测技术主要有：气泡检验检测法、气压式检验检测法、流量检验检测法、卤素泄漏监测、氦质谱泄漏监测法、渗透和化学示踪物监测法、声波监测法等。这些方法存在事先充入气体、在容器外涂刷显示剂、高温条件下存活率不高、影响容器内部的实验条件等问题，不能满足封闭结构容器运行过程中的泄漏监测需求，而收集装置内部产生的放射性气体进行泄漏检验检测预警，可避免上述问题。

二、放射性气体分离富集技术

钚、铀材料在核爆炸或者反应堆中通过裂变或者前驱核 β 衰变产生惰性气体核素 85Kr、87Kr、88Kr、89Kr、95Kr、131mXe、133Xe、133mXe135Xe，或者中子活动产生 37Ar 及 3H 等。放射性泄漏气体检验检测对象的选择原则是裂变产额较高、半衰期适中、γ 射线的能量适中且发射概率大于 1%、受天然核素影响小。根据上述原则及放射性气体核素的辐射特性数据，可以选择氙同位素 135Xe 作为短期监测对象，133Xe 作为中长期放射性泄漏检验检测对象。然而，由于空气对氙同位素的稀释、扩散作用，导致空气中的放射性氙浓度非常低，因此需要对其进行富集分离。

氙与空气中其他组分（主要包括 O_2、N2、CO_2、H_2O 和 Rn）的富集分离方法比较多，主要有吸附分离、溶剂吸收、低温蒸馏、膜分离、气相色谱分离等方法，其中吸附分离和膜分离的方法被广泛使用。

（一）吸附分离技术

吸附是指在固相 - 气相、固相 - 液相等体系中，某个相的物质密度或溶于该相中的溶质浓度在界面上发生改变的现象。被吸附的物质称为吸附质，具有吸附作用的物质称为吸附剂。吸附量与气体流量、压力、温湿度，吸附剂的孔结构、孔容积、装填密度和表面积等因素有关。根据作用力的不同，吸附可分为物理吸附和化学吸附。吸附分离的方式主要有：变温吸附、变压吸附、变浓度吸附、色谱分离和循环分离等。理想的氙吸附材料应具有以下特点：①具有合适的孔结构和较大的比表面积，从而具有较高的吸附量；②吸附剂的吸附和脱附耗时短、残留少；③吸附剂的导热性好，④吸附剂的体积小，密度大，以获得较高的填充密度。

用于吸附、分离氙的固体吸附剂很多，主要有分子筛（5A、13X等）、活性炭、多孔聚合物（TDX-01、TDX-02、GDX303）、石墨、多孔金属以及碳分子筛、活性炭纤维（ACF）等。

1. 活性炭吸附分离

活性炭的吸附性能取决于空隙结构，其微孔的表面积达 90% 以上，比表面积一般在 500~1 700 m²/g 之间，高度发达的孔隙结构使得吸附力场很大。当气体到达孔隙的吸附力场作用范围内，活性炭就会将气体吸附到空隙中。活性炭的吸附能力与活性炭的比表面积、孔径分布及温度。活性炭在低温情况下的吸附性能优于常温条件，因此大多数的 Xe 系统都在低温下吸附、高温下解析气体。另外，不同品种、不同处理方法的活性炭的吸附性能也不一样，椰壳活性炭的吸附性能优于桃壳炭。为满足禁核试核查的需要，国际上研制了 4 套 Xe 取样、分析和测量台站系统（ARSA、SPALAX、SAUNA 和 ARIX），均采用了活性炭作为吸附剂对放射性氙气体进行富集、分离。周崇阳等人研究了活性炭对 Xe 和氡的吸附 - 解析性能，以及中空纤维膜和分子筛对水、CO₂ 的去除能力，研制了硬件装置，并在高氡环境和福岛核事故监测中得到了应用。上述系统灵敏度高，但分析周期均较长。

然而，活性炭的孔径分布范围广，吸附选择性不是很理想，长期稳定性也有待改进。因此，改善活性炭微孔结构的表面修饰或改性、长期稳定性等方面的研究，将成为热点。

2. 活性炭纤维吸附分离

活性炭纤维（ACF）是 20 世纪 60 年代发展起来的吸附剂，用有机纤维经高温碳化活化制备而成。与活性炭相比，活性炭纤维的比表面积更大（1 000~3 500 m²/g）、微孔结构发达且孔径分布范围窄、吸附脱附速度快、吸附量大。

不同的基体的 ACF 的吸附性能不同，低温时，粘胶基活性炭纤维的吸附性能强于沥青基纤维。活性炭纤维的吸附容量与其比表面积之间不具有相关性，但孔结构是活性炭纤维对氙吸附的关键参数。不同的孔结构对氙的吸附效能差异在于吸附热的不同，通过增强吸附剂对氙的吸附作用力（孔修饰、负载化合物），改变其孔结构分布，可提高对 Xe 的吸附能力。亚甲基蓝、对硝基苯酚等有机物、或氯化钠、碘等无机物填充可以修饰活性炭纤维的孔结构，而且负载贵金属后的活性炭纤维的吸附能力也能显著提高。

王红侠等人建立了液氮冷阱中用活性炭纤维吸附 Xe 的现场视察放射性 Xe 的分离纯化流程。虽然单位质量的活性炭纤维的吸附能力强于活性炭，但由于其装填密度远小于活性炭，因此在相同体积的吸附柱内活性炭的吸附能力比活性炭纤维强。因此，活性炭纤维的实际应用过程中，需要考虑其装填密度。

3. 分子筛吸附分离

分子筛是一种硅铝酸盐，一般孔径为 0.5~1.0 nm，A 型、X 型沸石分子筛比表面积 1 000 m^2/g，可用来去除空气中的 H_2O 和 CO_2。碳分子筛由多孔碳素材料利用热分解法、热收缩法等方法制备，孔径分布范围窄且为超微孔（平均孔径 0.4~0.7 nm）且能在制备过程中控制孔径大小范围，吸附选择性好，但是碳分子筛存在比表面积小、价格昂贵的不足。

另外，在进行气体吸附前，需要去除被吸附气体中的 H_2O、CO_2 和 Rn，因为它们将会降低吸附剂对氙的吸附能力。冯淑娟等人利用碳分子筛和中空纤维膜去除 H_2O 和 CO_2，并利用氙和氡动态吸附系数的差异实现了氙和氡的分离。

（二）膜分离技术

膜分离是一种新型的分离技术，它利用膜对混合气体中各组分的选择性渗透性能差异实现气体的分离、提纯和浓缩的分离技术。膜分离的优点是成本低、能耗少、效率高且可回收有用的物质，缺点在于分离因子和渗透性能比较低。对于多孔气体膜，其渗透机理主要包括黏性流动、努森扩散、表面扩散、毛细管冷凝和分子筛分，但是黏性流动不具有分离作用。对于非多孔膜，气体透过机理为溶解 - 扩散原理。在气体富集工艺流程中，膜技术被主要应用于气体分离、空气除湿。

1. 空气除湿及 CO_2 去除

聚砜（PS）中空纤维膜具有机械强度高、分离性好、抗溶胀、耐细菌侵蚀的优点，但其表面亲水性能低、易污染且难以制备小孔径膜。通过混合改性以及预处理可以提高其表面性能。不同原料压力、温度条件下，水蒸气在聚砜膜内的溶解系数、扩散系数和渗透系数的变化，可用成簇迁移和溶胀的机理进行解释。

聚酰亚胺的结构中含有酰亚胺基团，其分子结构含有大量的苯环，分子链刚性较大、排列紧密，能够较好地分离 H_2O 和 CO_2。但是，聚酰亚胺的分子链极性大，分子间相互作用力强，制得的中空纤维膜的渗透性和溶解性有限，从而影响了膜的气体分离性能。为了改进其性能，针对聚酰亚胺膜材料本体结构的改性研究有大量的报道。改性的手段包括共聚改性（改变主链结构、改变侧基结构、引入特殊功能单体），填充改性（无机物和有机物填充），交联改性，共混改性和表面改性。共混膜的除湿性能优于传统的聚酰亚胺纤维膜，特别是在增大吹扫比例的情形下，共混膜性能更为突出。中空纤维膜组件的除湿性能随膜的亲水性增强而提高的规律不是始终成立，适当增加亲水性盐含量可以改进膜的除湿性能。目前，醋酸纤维、乙基纤维素、聚苯醚、聚酰亚胺和聚砜膜等已被用于工业生产中 CO_2 的分离。

2. 气体分离

Jensvold 等人发明了一种可以经济地从氧气、氮气、二氧化碳或者气体混合物中，选择性地分离稀有气体特别是氙的薄膜。该薄膜是由聚碳酸酯、聚酯、聚酯碳酸盐混合物制成的薄层。同时，该专利还介绍了单级和多级处理的膜分离流程，以提供期望纯度和体积的产品气。Lagorsse S 等人对碳分子筛的结构特性、吸附特性和空气动力学特性进行了表征，并利用碳分子筛膜实现了麻醉气体 Xe 的回收，回收率达到97%，对于单一组分的气体渗透性较好，但对多成分混合气体，Xe 会存在孔堵塞效应。Lindbr then A 等人测试了表面改性的玻璃膜的吸附和扩散特性，结果表明该玻璃膜对 CO_2 的渗透性优于 Xe，但扩散系数相对 Xe 较差。研究表明，采用多孔膜和非多孔膜组合的分离单元对气体的分离因子高于传统的单一膜组成的分离单元。为了验证上述观点，采用硅橡胶管状膜和醋酸纤维管状膜组合，并用 9 级循环的膜分离器级联方式构成分离单元成功实现了 $Kr-N_2$ 的分离。

膜分离的关键性能指标为分离系数和选择系数，与膜材料的本身特性、膜分离器的流型及级联方式有关。上述文献表明，采用膜分离的方法进行氙富集是可行的，但在进行膜材料选取时，不仅需要考虑分离性能和选择性，还需考虑氙在分离过程中的损失。

三、放射性氙测量技术

为了获得较高的探测灵敏度，必须选择合适的测量方式、提高探测器的探测效率、降低本底对测量结果的影响。放射性 Xe 同位素可以选用多种测量方法，如正比计数器、液体闪烁谱仪、HPGe γ 能谱法或 β-γ 符合法。液闪和正比计数器只能测量 β 放射线，不能进行核素分辨，且不能测量不发射 β 射线的 [131m]，[133m]Xe。因此放射性 Xe 测量通常采用 HPGe γ 能谱法或 β-γ 符合法。HPGe γ 能谱法的系统组成相对简单，能量分辨率较好，但探测效率相对较低；β-γ 符合法有可效降低环境放射性本底的影响，系统的探测灵敏度较高，但系统结构复杂，且对于现场测量来说，没有纯化环节的情形下吸附剂上的气体很难被解吸出来，气体室体积小，固体形态的吸附剂对 β 射线的衰减，使得 β-γ 符合不适宜于现场测量。为了高灵敏度地测量 [131m]，[133m]Xe，Canberra 公司研制了一种新型的转换电子-X 射线符合谱仪，采用井型 Na I 探测器测量 Xe 同位素的 X 射线、两个 PIPS 探测器测量转换电子，利用该谱仪得到

的 ^{131m}，^{133m}Xe 的最小可探测活度为 2m Bq。罗飞设计了塑料闪烁体和 Cs I（Tl）组合的叠层探测器用于放射性氙样品的测量。许浒等人用 MCNP 软件模拟了使用 PIPS 探测器测量惰性气体时取样空间参数的影响。W.Hennig 等人设计了多种结构的叠层探测器，并用蒙特卡罗软件模拟了其性能及影响因素。

提高探测器对核素的探测效率的通常做法：选择高性能的探测器、减小探测器与源之间的距离、增大源面积等方式。通常采用屏蔽手段降低环境本底，采用塑料闪烁体进行反符合测量降低宇宙射线的贡献。

王世联等人设计了碳纤维衬底的放射源盒，并采用人工放射性核素 ^{170}Tm 对惰性气体测量的探测效率进行了校准。龙斌等人研制了用于放射性氙测量的探测效率校准的模拟气体源，利用 ^{214}Pb 的特征 X 射线的探测效率插值校准 ^{133}Xe 的探测效率。

本节在传统气体泄漏检验检测技术的基础上，综述了放射性氙气体的富集和测量技术现状，分析了各种吸附剂的优缺点，讨论了采用膜分离技术进行氙富集分离的可行性，分析了各种放射性氙测量方法的优缺点，可为放射性泄漏气体检验检测技术研究和设备研制提供参考。

第四节　闪烁射气法测镭

对闪烁射气法测镭进行了优化研究，使用自制的稳定钍检查源替代 ^{226}Ra 标准溶液，以选择合适的甄别阀位值，通过测量的坪曲线确定光电倍增管工作电压，优化仪器使用条件。探讨了富集过程、送气速度对测量值的影响；改进了闪烁室的排气清洗程序，可增加其使用寿命和效果；对仪器进行校正，确定了装置系数，并对样品和标样进行了检验检测。数据表明，本法操作可行，合理可靠，结果准确，提高了检验检测效率和精密度，具有一定的研究和实用意义。

送气速度直接影响实验测试结果：若送气速度太快，送气时间过短，会增加氡气在扩散器中的残留量，同时容易造成溶液溢出；若送气速度太慢，送气时间过长，送气压力不足，最终使氡气洗脱不完全。实验结果表明，从扩散器向闪烁室送气，应先慢后快，这样可以减少氡在溶液中的残留量。在实验的前 8 min，将送气速度控制在每分钟 100 个气泡，然后增加送气速度，整个送气过程控制在 14 min 左右，可确保实验测试结果的准确度。

国家标准方法（GB/T 11214；GB/T13073）及相关研究使用 ^{226}Ra 标准溶液测量甄别阀、工作电压和装置系数，用空气将溶液中氡气洗脱，转入至闪烁室内。但 ^{226}Ra 标准溶液的配制、储存、测量会造成一定误差，且操作烦琐。空气中放射性核素，特别是氡及其衰变子体，也影响检验检测结果。

本实验中岩石标准样品、铀矿地质样品的实验结果均值标准值范围内，相对标准偏差较大为 2.73%，较小为 0.84%，表中所列样品 RSD 均小于 5%。

一、实验部分

测量样品中镭含量之前应选择合适的仪器工作条件。根据标准镭溶液的 226Ra 活度测量值得出仪器的装置系数，然后根据装置系数、密封时间、测量计数等数据计算样品镭含量。

FH463B 测氡仪、闪烁室、真空泵、压力计、扩散器、过氧化钠、氯化钡（20 mg/mL）、甘露醇、0.5 mol/L 的 EDTA-NaOH 溶液、盐酸、1 g/L 麝香草酚酞酒精溶液等。

选择合适的甄别阀位值可以提高仪器分析的灵敏度。调好仪器后，在不同阀位值下测定钍检查源，测定时间为 100 s，每次读数 10 遍。可以看出，阀位值低，仪器的灵敏度高，钍检查源闪烁室计数高。如果仪器甄别阀位值过高，不论信号还是噪声，其脉冲幅度大多小于甄别阀，此时仪器计数率较低。所以选择合适的甄别阀位值，使信号脉冲增大，通过甄别阀，被电路记录；而噪声脉冲幅度仍相对较小，被电路记录有限。因此选择"2V"为测量甄别阀位值，在该值下，仪器读数较稳定，10 次平均计数为 13 856，相对平均偏差为 0.36%。

在铀矿勘查、放射性环境监测和评价中，镭含量的准确检验检测越来越受到重视。当开展铀矿冶项目退役治理源项调查时，环境介质中镭含量的检验检测是评价放射性污染程度的关键环节，直接关系到退役治理的工程量、治理成本、设计方案以及治理效果的跟踪评价。为此，镭含量准确测定的条件优化研究是很有必要的。

（2）研究了硫酸钡共沉淀富集镭时搅拌方式与时间对测量结果的影响，探索了使镭沉淀完全的最佳搅拌方式：在滴加（1+1）硫酸同时快速搅拌 5 min，静置 3 min 后，再快速搅拌 3 min。

二、实验结论

（一）送气速度的影响

本节用以镭的检验检测技术为中心，用自制的固定在闪烁室内的稳定钍检查源替代 226Ra 标准溶液，对测量条件，包括富集过程、送气速度、甄别阀位值的确定、坪曲线的确定进行优化改进。实验表明，本方法极大简化了检验检测程序，操作简便，分析结果准确可靠，适合各类样品中镭含量的分析测定。

（二）仪器及主要试剂

按 1.2 的实验方法，在盐酸酸化后的近沸浸取液中加入氯化钡，再滴加（1+1）硫酸，搅拌产生硫酸钡沉淀，将镭从大体积水样中浓集分离，在此期间比较了不同的搅拌时间与搅拌方式对测量结果的影响。实验数据表明若搅拌不充分，沉淀产生不完全，部分镭仍溶解在浸取液中，镭未被完全富集，最终未能完全转移至扩散器中，造成结果偏低。为保证分析结果准确，应该在滴加（1+1）硫酸同时快速搅拌 5 min，静置 3 min 后，再快速搅拌 3 min，此时溶液明显地产生大量沉淀物。该种沉淀生成方式，比单纯搅拌，沉淀生产更完全。

第五节　土壤氡污染及检验检测方法

氡气是人类第二大致肺癌的气体。含富铀的岩石经过风化后土壤中会含有大量的氡，当土壤中氡释放对人体将会造成严重的危害。本节详细介绍了检验检测土壤中氡浓度的具体步骤，以及待建工程的防氡的措施和地下工程的降氡的措施，保证土壤中的氡气对人体的危害减少到最低程度。

一、我国土壤氡污染产生和危害

（一）方法原理

氡气经常离开土壤和岩石，进入到岩石地空袭、缝隙和土壤颗粒间地小孔空间内。以下因素都会影响地下扩散程度和扩散范围：地下裂缝走向和深浅、潮湿程度、土质地密实程度、地下水深浅以及地下水地流动情况等等。氡气在渗透性强的土壤中的移动速度比非渗透土壤快。岩石和土壤中地缝隙使氡气更迅速地移动。

（二）氡气的危害

氡气是由土壤、建筑材料、岩石等物质中的 3 个天然放射性系列中 Ra 同位素经过衰变后产生的一种无味、无色的放射性的气体。氡是唯一的一种天然的放射性的气体，因此广泛存在于土壤中。研究表明，氡对人体造成的辐射伤害是人一生所有辐射的 60% 以上，因此，人们必须重视防止氡辐射。氡及其衍生物可以存在于空气中地气溶胶地颗粒上，当其悬浮在空气中时被人体吸收，一些氡的短寿命的固态衍生物立即沉淀在肺叶或气管壁上，会引起氡及其衍生物衰败同时产生 α 粒子长期存在于人体内部，造成身体受到侵害的组织或者细胞产生电离化作用，将会破坏脱氧核糖核酸的分子的基本结构，阻碍细胞的再生功能，造成细胞染色体的突变，因此氡及其衍生物对支气管的上皮组织和深部的肺组织产生辐射作用，直接造成肺组织细胞的长期损害，长此以往会导致肺癌。众所周知，吸烟是肺癌的第一大致病因素，而氡气是肺癌第二大的致病因素。

土壤氡的检验检测通常是采用专门的工具从土壤的空隙中吸取一些气体作为样品，然后测量样品中的放射性的强弱，通过测试放射性的强弱就可以推测出土壤中的氡的浓度含量。土壤氡的浓度测量的关键是如何收集土壤内的空气。一般土壤中的氡的浓度含量高于数百 Bq/m^3，对于这么高的氡浓度可以采用闪烁瓶法、静电扩散法、金硅面垒型探测器、电离室法等方法进行测量。核工业航测遥感中心生产的 HDC 型环境测氡仪是众多检验检测氡仪器的仪器之一，应用较为广泛。其主要原理是 HDC 型环境测氡仪可以瞬间测试氡的一种仪器，HDC 型环境测氡仪利用氡气衰变后的第一个衰变体是 RaA（即 218Po 核素），RaA 具有带正电的性质，具体步骤是将土壤中的空气抽取到富集器皿里，后将气体加正高压的电场，把 RaA 富集到带有负高压的金属材质的收集片上面，约富集 2 分钟后，移动到金硅面垒型原理制成的半导体探测器和电子线路组成的仪器中检验检测 2 分钟，最终 RaA 的脉冲信号的数值结果会显示在液晶屏幕上。

二、土壤中氡浓度检验检测

（一）土壤氡浓度检验检测的方法与原则

目前，土壤氡浓度检验检测的方法十分多样，常见的土壤氡浓度检验检测法包括：静电收集法、电离室法以及金硅面垒型探测器等方法。土壤氡浓度检验检测的原则主要体现在检验检测的环节上，首先是测量点的布置，在布置测量点时要保证测量点在工程地质勘查的范围之内，通常以 10m 为间距作网格，具体测试点就是网格点，如果在现场布置测量点时，遇到了比较大的石块，则允许测量电位置偏离 2m，总的测量点应该在 16 个及 16 个以上。其次是成孔，测量点布置完成之后要采用专用的钢钎进行打孔，孔的直径应该在 20 ~ 40mm 之间，孔的深度应该控制在 500 ~ 800mm 之间。之后是放置取样器，成孔之后将特制取样器放在打好的孔里面，要注意对靠近地表的取样器进行密封，这样主要是为了防止大气渗入孔中，之后进行抽气。最后，氡浓度的测量，采用测氡仪进行测量，在实际测量时，要进行抽气次数实验，通过实验确定最佳的抽气次数，之后再对土壤之中的氡浓度值进行逐点测量，另外，在测量的过程中要做好现场记录。

（二）土壤氡浓度检验检测实例

某建筑区域场地为山麓斜坡堆积地貌，地势起伏比较大，南北向长月 800m，东西向宽约 60 ~ 140m。建筑场地的土场主要是粉砂，其特点表现为：颗粒成分为石英质、颜色为灰黄色或者褐黄色、稍湿，其中细粒土的含量为 30% ~ 35%，夹杂少量碎石。工程勘探表明在建筑区域之内不存在断裂构造带。

在布置测点是以建设方提供基准点，采用全站仪以及测绳在建筑区域的南北方向设置 14 条测线，在建筑取悦的东西方面设置 15 条测线，每条测线之间的距离为 10m. 具体的测试点就是东西向测线与南北向测线的交点，这些测点均匀覆盖了整个建筑区域。

因素的影响导致检验检测结果不精确，本节对土壤氡浓度检验检测方法进行了说明。另外，土壤氡浓度会受到各种因素的影响，本节分析发现，主要影响因素有：干燥剂、采样孔的深度、土壤的密实度以及土壤的湿度等。在土壤氡浓度检验检测结束之后要根据检验检测结果采取相应的防氡措施，保护人类健康。

在本次检验检测中采用 HDC 型高灵敏度环境测氡仪进行土壤氡浓度的检验检测，HDC 型高灵敏度环境测氡仪是一种瞬时测氡仪器，主要原理是静电手机法。具体检验检测过程为：首先将带有采样片的电极板放在被检验检测的气体样品之中，然后接通高压电源，这样就会立即建立一个静电场，在静电场的作用下，氡子体作为一个正离子就会被采样片吸附，以此完成采样工作。采样完成之后，将已经含有样品的采样片放在 HDC 型高灵敏度环境测氡仪机内的上探测器与下探测器之间的样盘上面，之后使 α 射线射到金硅面探测器上，金硅面探测器就会产生电脉冲，通过放大电路将脉冲放大，采用 128 道分析器分析脉冲的幅度，之后采用单片机对不同幅度的脉冲进行详细的计数，以计数结果，反映土壤氡浓度。

三、土壤中氡浓度检验检测的影响因素

（一）干燥剂对土壤氡浓度的影响

在现场试验中可知，干燥的变色程度差异与同一采样的多次测定有一定的相关性。在干燥剂全部是蓝色时与干燥剂全部变色的结果最大差值在 42% ~ 52% 之间。试验结果证明，干燥剂受潮之后测量的结果比较低，相反干燥剂的干燥度较高测量的结果也相对较高。

（二）采样孔深度对土壤氡浓度的影响

现场检验检测发现，对于干燥的土壤来说，土壤的密实度越高测定的土壤氡浓度越高；对于潮湿的土壤来说，土壤的密实度越高测定的土壤氡浓度越低。究其原因，主要是干燥密实的土壤不利于氡气析出，所以氡气会聚集在一起，而潮湿的土壤则相反。

此次检验检测结果表明，建筑场地内的土壤氡浓度范围为 1195.7 ~ 124456.5Bq/m³，平均值为 18753.2Bq/m³，未超过国家标准限定值 20000Bq/m³，不用采取防氡措施。

（三）土壤密实度对土壤氡浓度的影响

综上所述，氡气对人体的损伤非常大，是一种放射性气体。如果建设第土场的氡浓度过高，那么建筑物低层室内的氡浓度也会显著增高，影响住户身体健康。所以土壤氡浓度检验检测工作意义十分重大。

（四）土壤湿度对土壤氡浓度的影响

世界卫生组织将氡列为 19 中主要致癌物质之一，氡对人体的危害非常大是除香烟外最容易导致人类肺癌疾病的重要因素。相关统计研究表明，天然辐射对公众的年有效剂量之中，氡以及氡子体所占比率非常高，占 54% 左右。室内有害气体氡的来源主要与三个方面，首先是建筑地基土壤之中析出的氡，这是最主要的来源；其次是建筑材料之中析出的氡；最后在室外中的氡有空气进入室内。因此，对土壤之中的氡浓度进行检验检测非常重要且必要。《民用建筑工程室内环境污染控制规范》（GB50325-2010）（2013 年版）规范中规定：在进行建筑工程设计之前，首先要对建筑工程所区域中的土壤进行氡浓度检验检测，检验检测结果出来之后，如果土壤中的氡浓度过高，建筑方应该采取有效的措施防氡，以此保证建筑施工人员以及建筑最终使用人员的安全。

孔：25cm、35cm、45cm、55cm、65cm、75cm，对这些不同深度的孔进行土壤氡浓度测量。测量结果表明，采样深度越深土壤氡浓度越浓，当采样深度在 55cm 之后，土壤氡浓度变化不明显。

现场检验检测表明，土壤湿度较高时测定的土壤氡浓度较低，这主要是因为，雨水在渗透到土壤表层时，氡就会向土壤深度扩散，而且水会在一定程度上增加土壤的密度，这样氡气就很难向外扩散，都聚集在土壤之中。所以，在实际测量土壤氡浓度时，要在场地比较干燥的情况下进行。

第六节　ICP-MS 在稀土检验检测应用

一、ICP-MS 概述

帅琴等建立了一种准确测定大气颗粒物中痕量稀土元素的 ICP-MS 分析方法。通过微波消解与常压酸消解两种方法进行对比研究，选择采用微波消解样品预处理技术，采用 ICP-MS 法测定了大气超细颗粒物中的痕量稀土元素，并初步探讨了不同粒径颗粒物中稀土元素的分布规律。为大气颗粒物中稀土元素分析带来了一种新的方法，对制定相应的减少污染的措施是十分重要的。

电感耦合等离子体质谱法（又称 ICP-MS 法）是 20 世纪 80 年代发展起来的分析技术，经过 30 多年的发展历程，已日趋成熟。其作为一种新兴的分析技术手段，具有高灵敏度、干扰少、动态范围宽、超痕量监测、检出限低、谱线简单等特点，因而被广泛应用于食品科技、地质学、农业生产、材料科学、环境等领域。随着 ICP-MS 仪器的进一步改进以及仪器的优化，ICP-MS 法已经发展成为大量样品快速分析的有力武器，其对地质、土壤以及水中有害微量元素的检验检测中，以其独特的优势被越来越多的科研人员所关注，是近年来快速发展的一种有效的检验检测手段。

ICP-MS 仪器由等离子体离子源、质谱仪和两者之间的接口三部分组成。样品溶液经雾化器雾化形成气溶液进入 ICP 离子源；同时由 RF 发生器给 ICP 离子源进行供电，产生足够强度的高频电能，并通过电感耦合方式把稳定的高频电能输送给等离子体炬，ICP 的高温使样品气溶胶瞬时发生去溶剂蒸发、汽化、解离合电离等过程；接口部分（采样锥和截取锥）从 ICP 离子源中提取样品离子流；之后的离子透镜系统将接口提取的离子流聚集成散角尽量小的离子束；聚焦后的离子束传输至质量分析器，按不同荷质比（m/z）分离，并把相同 m/z 的离子聚集在一起，按 m/z 大小顺序组成质谱。最后由计算机处理数据，给出结果。

与其他无机质谱相比，ICP-MS 的优越性在于：①在大气压下进样，便于与其他进样技术连用。②图谱简单，检出限低，分析速度快，动态范围宽。③可进行同位素分析，单元素和多元素分析，以及有机物中金属元素的形态分析。④离子初始能量低，可使用简单的质量分析器（如四级杆和飞行时间质谱计）。⑤ICP 离子源产生超高温度，理论上能使所有的金属元素和一些非金属元素电离。

二、ICP–MS 在稀土分析中的应用

熊宏春，王秀季等建立了一种微波消解 ICP-MS 测试烟草中稀土元素含量的新方法。实验选择 In-Rh 双内标校正体系，稀土元素的检出限在 0.3pg·ml^{-1}，定量检出限为 0.01 ～ 0.05 μg·ml^{-1}。测定结果与推荐值的 RE 均小于 10%，RSD 优于 4.0%。

陈立民等研究了利用 ICP-MS 测定高纯 CeO$_2$ 中 14 种稀土元素的方法，通过 1+4 硝酸及双氧水熔矿，稀释后直接利用 ICP-MS 测定。方法的检出限 1 ～ 2 μg/g，以 Cs 为内标补偿基体对待测信号的抑制作用。重点讨论了 HCe$^+$ 对 Pr$_6$O$_{11}$ 测定的影响及 CeOH$^+$ 对 Tb$_4$O$_7$ 测定的影响。

电感耦合等离子质谱仪以其独特的优势在常量及痕量稀土分析、高纯稀土痕量杂质分析方面得到了广泛的应用。

童迎东等采用电感耦合等离子体质谱法测定绿色食品（大米，茶叶，纯净水）中的 15 种稀土元素。采用硝酸 - 双氧水消解样品，在优化的工作条件下，确定了仪器

测量参数。方法的检出限 0.03 ~ 0.13 μg/L，相对标准偏差 0.2 ~ 10.8%。

陈登云、裴立文研究了高纯铕中的超痕量稀土杂质的 ICP-MS 测试方法，开发了一个简单、快速的分析方法应用于 5N-6N 高纯 Eu 的日常分析。由 3% 硝酸，采用标准加入法，测定所得的标准加入工作曲线的线性回归产值优于 0.999。

随着稀土日益参与到人们的生活生产，对稀土检验检测越来越多的重视，稀土检验检测技术也得到迅猛发展。由于 ICP-MS 分析具有灵敏度高、干扰少、线性范围宽等一些独特的优点，ICP-MS 分析仪器得到广泛的应用，并开始在我国普及开来。同时，将 ICP-MS 与其他分离技术（如 GC、HPLC、LA 等）联用的分析技术得到大量的研究，并在稀土的形态分析方面取得了一定的进展。随着 ICP-MS 技术在稀土元素分析的研究中不断深入，不仅 ICP-MS 仪器的单独使用会更加广泛，而且与其他仪器的联用，也会得到更多的应用，ICP-MS 也将在我国稀土检验检测领域发挥更大的作用。

随着科技的发展，稀土已经并越来越广泛地应用于国民经济的各个领域。与高新技术产业关系日趋紧密，已成为 21 世纪发展高新技术的战略物资。我国的稀土资源丰富，但稀土产品无论是化学成分，还是物理参数指标及其一致性方面，与发达国家的产品尚有一段差距。为提高稀土产品的质量，增强市场竞争力，进行超高纯稀土氧化物质分析方法的研究，具有很重要的现实意义。

第七节　ICP 在食品微量元素检验检测中的应用

电感耦合技术是食品微量元素检验检测过程中采用的主要方法。随着国民经济的迅猛发展人们的生活水平也发生着翻天覆地的变化，在日常生活中食品的微量元素含量越来越被关注与重视。因此在采取详细的分析处理的基础上，按照贵重金属的元素测评，遵循检验检测指标，是保障食品安全的基础条件。

随着化学检验检测方法的发展与创新，人们对食品微量元素这一话题的关注程度不断提高，食品中微量元素与重金属元素的检验检测越来越精准，而微量元素是对人类身体健康有益的元素，因此对食品中微量元素的检验检测对人类健康具有十分重要的影响与意义。本节通过对 ICP 在食品微量元素检验检测中的应用展开分析探究，此种方法的应用推广对食品微量元素的检验检测奠定了可靠的基础，对保障食品安全、提升食品质量具有十分重要的影响与意义。

一、ICP 原理简介

ICP 即电感耦合等离子光谱发生仪，其主要构成分别为 ICP 光源、进样与分光装置、检验检测器以及数据处理终端。ICP 光源的构成主要包括高频发射器、石英炬管与高频感应光圈，工作原理是于高频等离子体火焰中，将进样流入的雾化样本溶液激发发光，蠕动泵、雾化器与雾化室是构成进样的主要部件，主要作用是雾化检验检测溶液，而后将溶液输入至高频发射器内，分光装置对发射器内的激发光进行分光处理，而分光的构成主要包括入射裂缝、出射狭缝、分光原件与若干光学镜片，主要工作是处理激发光，为检验检测器检验检测提供保障，检验检测器构成主要包括光电倍增管与固体成像探测器，通常指 CCD 与 CID 检验检测，数据处理终端的构成包括计算机、数据处理软件、仪器控制软件、数据接口，通过人机交互对相关数据进行处理与输出以及对仪器的控制。ICP 自身也存在一定的局限，主要变现为对固体样本不能采取直接检验检测，需制成溶液，因此对样本的检出限会有影响，并且浓度较大的样本与非金属元素的检验检测精确度不足。

二、ICP 在食品微量元素检验检测中的应用成效

针对现存的食品多元素进行分析，主要是针对与食品自身成分与元素结构的检验检测，对有害物质的检验检测与高离子的决定权益方面，可以通过高离子发射渠道对不同结构形式的光谱测定进行检验检测，并对检验检测结果进行分析，保障样品检验检测的详细、准确。在对微量元素进行检验检测时，检验检测方法会出现一定差异，基于以上原则对样品进行检验检测，进一步精确对食品微量元素的检验检测。

通过 ICP 检验检测方法的应用，可以检验检测食品中有害元素，改良监控处理设施，保障现代化社会对施行处理重视程度的转变，分析重金属元素对监控的处理效益，而对元素安全检验检测而言，在超标观测的基础上，对元素进行架构处理，通过安全监管保证检验检测的控制方面对元素进行检验检测。其检验检测方法目的在于对基本的方法的应用，切合实际在使用过程中符合基本安全检验检测，增强对不同种类食品在运输阶段的安全效益。针对元素的检验检测控制，基于食品安全防护制度，应用元素在检验检测控制阶段的安全防护，推动对发射光谱在离子定向监测上的元素指标检验检测，并对元素含量是否超标做出检验检测。在对食品微量元素进行检验检测的过程中，通过对有害元素的管控，推动相关部门与人们对食品安全检验检测的关注与重视，并通过对重金属与元素检验检测精准分析，保证食品相对安全。

三、ICP 检验检测方法优缺点分析

ICP 优点：检出限较低，灵敏度较高，并且能够快速准确地对多元素进行同时分析，周期表中多达 72 中元素皆可测定，分析精密度高，例如，被分析元素浓度为检出限的 100 倍时，精密度可达到 1%，保证了检验检测精准性。分析动态范围较小，基本

效应较低,便于建立分析方法,标准曲线线性范围较宽,基体效应小,检验检测费用低,操作便捷、安全。

ICP 缺点:于应用阶段,较易被多种离子干扰,影响实际检验检测结果。对于信息的干扰应用而言,假如产生干扰,或许会导致信息确认方面的失误,继而引起对信息影响因素方面的控制问题。针对生物影响因素而言,通过元素检验检测,可以确定不同饮食渠道内产生的相关变化。但受到检验检测渠道内的重金属元素信息的影响,可能导致基础浓度信息的准确性出现偏差。

综上诉述,ICP 在食品微量元素检验检测中发挥着关键作用,适用于食品多元素、多干扰的情况,对食品质量的提升与食品安全管控具有十分重要的作用。普及推广 ICP 在食品微量元素检验检测中的应用,对食品的安全、质量具有至关重要的意义与影响。

第八节　医院放射检验检测与判定标准

一、放射诊疗设备稳定性检验检测的判定标准

放射诊疗设备是现代医学常用的设备,2006 年《放射诊疗管理规定》的实施成为我国放射诊疗设备质量控制新的里程碑。在此以前,绝大部分医院的放射诊疗设备都处于质量失控状态,有的设备甚至从投入使用到最后报废从来没有进行过质控检验检测。质控检验检测一个最重要的手段就是加强稳定性检验检测,本节从稳定性检验检测的目的、依据和质量保证三方面论述医疗机构应加强放射诊疗设备的稳定性检验检测。

放射诊疗设备的质量控制检验检测分为验收检验检测、状态检验检测和稳定性检验检测,其中稳定性检验检测是指为确定设备或在给定条件下获得的数值相对于一个初始状态的变化是否符合控制标准而进行的质量控制检验检测。这种检验检测的检验检测频次较高,检验检测的指标参数较少,一般都是设备的常用性能或是一些容易发生变化的性能参数,例如摄影设备的光野与照射野偏差,因为光野和照射野均由限速器的机械部件控制,而理论上每次摄影都应调整限速器,因此其使用频率非常高,从而容易导致出现偏差设置故障。因此,光野与照射野偏差应该作为稳定性检验检测指标,而且检验检测周期应该设定得短一些。通常稳定性检验检测由医疗机构自己完成。由此可见,稳定性检验检测的目的就是医疗机构在设备的日常运行中及时发现设备的关键性能的变化,从而保证其能够正常运行。不能用验收检验检测和状态检验检测代替稳定性检验检测。

二、医院放射诊疗辐射防护

目的，探讨医院放射诊疗辐射防护现状，旨在采取一系列有效措施和对策，从根本上解决医院放射诊疗辐射相关问题。方法 主要采取回顾性研究分析方法，对我院当前放射诊疗辐射现状和相关问题进行明确和深入研究，进而制定相应有效的管理对策和问题解决措施。结果 在当前的医院放射诊疗当中，还存在一系列尚待解决的问题，只有从根本上加强医院放射诊疗辐射防护，才能保证医院放射诊疗安全性。结论 针对医院放射诊疗部门来说，必须在明确相关问题和现状的基础上，加大放射诊疗辐射防护力度和管理力度，采取一系列相应有效的防护措施，从根本上提升放射诊疗安全性，保证医护人员和检查人员人身安全。

近年来，随着我国医疗制度的不断创新和完善，医院药房管理工作变得越来越重要，同时医院放射诊疗管理要求也变得越来越严格，但至今为止，在当前的医院放射诊疗工作当中，还存在一系列尚待解决的问题。随着放射设备和相关同位素种类的不断增加，相关设备和装置已经大量应用到医院放射诊疗当中。本节主要研究医院放射诊疗辐射防护现状与有效对策。

（一）医院放射诊疗辐射防护现状研究

在当前的医院放射诊疗当中，主要存在一大特点和三大问题：

第一，在当前的医院放射诊疗当中，存在比较显著的"三多"特点，首先是放射性同位素数量较多，另外对应的设备和装置也比较多。在很多医院当中，为了迎合患者的就诊需求和相关要求，都开展了多种诊疗活动，不仅包括关于放射学和介入学的诊疗活动，还包括影像诊断方面的活动。且针对核医学诊疗来说，其需要的核素种类比较多，在具体的放射治疗过程中，需要的设备和装置数量也比较多，不仅有相关专业加速器，还包括专业治疗机和专业碎石机等，在具体的介入放射过程中，需要的设备和装置也比较多，比较常见的是血管造影设备和装置。在具体的 X 射线影像学诊疗当中，需要应用的设备和装置比较多，不仅包括乳腺机，还包括专业床旁机等。且随着大量先进设备和技术的广泛应用，在具体的辐射防护当中，也出现比较多的问题。然后，在当前的医院放射诊疗当中，相关专业诊疗室变得越来越多，不仅包括医院影像科室，还包括医院相关非放射科室，其内部用到的专业放射诊疗设备和技术都比较多。但在一些科室当中，医护人员不属于专业影像学人员，因为缺乏专业知识和技术操作知识，无法从根本上落实设备使用和辐射防护工作，因此导致辐射风险大大提升。最后，在当前的医院放射当中，应用的诊疗技术比较多，与此同时存在的危害也比较大，针对相关同位素来说，对应的使用方法和途径比较多，但在具体的应用当中，容易出现同位素泼洒问题，且容易出现设备使用不合理问题等问题。第二，在当前的医院相关人员当中，其防辐射意识比较弱，在实体辐射防护工作模式下，诊疗人员会出现麻痹心理，仅仅重视实体防护，且没有加强个人防护，另外也没有加强剂量监测。在平时工作中，诊疗人员往往不按要求穿戴防护服，且不按要求放置个人剂量，在这种情况下，容易出现监测数据虚假问题。第三，随着医院内部放射诊疗方法的不断增加，受检者防护相关问题也随之出现，导致受检者防护力度不足的原因比较多，不仅包括医护人员指导力度不足原因，还包括受检者自身知识缺乏等原因。第四，在当前的医院放射诊疗过程中，还容易出现 X 射线诊断过度问题，针对专业医护人员来说，无法了解相关诊断适应证，相关检查单开具方式不合理，当 X 射线滥用问题出现，容易出现非正当照射问题，导致患者身体受损。

（二）医院放射诊疗辐射防护对策研究

要想从根本上解决当前医院发射诊疗当中存在的问题，必须加大防辐射力度，具体来说，可以采取四大防护对策：

第一，医院要加大组织建设力度，从根本上创新和完善放射诊疗辐射防护制度和体系，要成立专业的防护小组和管理小组，创建院科防护网络，还要把放射诊疗辐射防护责任落实到各部门以及个人，增强医院诊疗人员和管理人员的防辐射意识和安全意识。

第二，医院要加大法律法规培训力度，从根本上提升诊疗人员的辐射防护意识，使得相关人员了解关于放射诊疗辐射防护的法律法规。医院要定期或者不定期组织诊疗人员和管理人员参与防护培训，还要加大对新人的岗前培训力度。

第三，医院要加大全程监控力度，不仅要加大对放射源到货情况的监控，还要加大对储存以及使用情况的监控，完善货品保管制度和体系，避免放射源丢失问题出现。另外还要加大对辐射工作场所情况的监控，从各个工作环节落实监控措施。

第四，针对医院放射防护人员来说，要加大日常情况监督力度，还要加大对防护对策实施情况的监管，一旦发现异常要及时整改，从根本上消除辐射隐患。

针对医院放射诊疗部位来说，虽然开始大量应用新型技术和设备，从根本上提升了患者临床诊断结果准确性，但医患之间的接触时间越来越多，从根本上提升了医院放射诊疗辐射风险，导致一系列辐射问题出现。所以，在当前的医院管理当中，加强放射诊疗辐射防护变得越来越重要。

三、医院 CT 室人员放射防护控制

某建筑项目计划在医技楼的一楼施工建设，其占地面积约为 120 m² 左右。拟建区域功能分布明确，分为控制区和非控制区两个部分。控制区就是通常所说的 CT 机房，共 64 排；非控制区则包括 CT 操作间、后处理室等。该项目机房所占位置优良，

如 CT 操作间、医院大院、检验科实验室都在其周围。由于 CT 机房运作时会产生大量 X 射线辐射，为保证相关医务人员和患者的健康安全，下面以《中华人民共和国职业病防治法》等国家法律规定为评价依据，研究分析某医院 CT 室内放射工作人员的放射防护控制效果，得出在 CT 诊断项目中工作人员，最主要的职业病危害因素为 X 射线，对此提出若干有关放射保护管理的措施，以期有效保证放射范围内工作人员和人民群众的健康安全。

（一）材料和措施

1. 评价材料依据

该项目各阶段均遵照《中华人民共和国职业病防治法》、《X 射线计算机断层摄影放射防护要求》（GBZ165 — 2012）、《建设项目职业病危害分类管理办法》、《电离辐射防护与辐射源安全基本标准》（GB 18871 — 2002）、《建设项目职业病危害分类管理办法》、《放射性同位素与射线装置安全和防护条例》等国家规定办法进行评价。

2. 项目职业病危害因素归类

CT 机运作时会产生大量 X 射线辐射，可划分为初级与次级辐射两个级别。一般上述辐射会在 CT 机停止运作后消失。故可将医用 CT 机可能带来的辐射危害归类为一般职业病导致原因，即该建筑项目也同样属于这一类别。

3. 采取的防护手段

（1）墙体屏蔽效果分析。机房本身的高度为 3.8 m，墙面均是砖混墙体，然而厚度并不完全一致，其中隔室墙的厚度为 24 cm，然而其余三面承重墙的厚度都是 38 cm。于墙体当中均添加了钡砂，厚度约为 8 cm。机房的顶棚采用的是混凝土现浇板与钡砂相叠加。机房的大门采用的是当量为 5 mmPb 的手动推拉门，其框架是不锈钢质地。而操作室门也是当量为 5 mmPb 的单开防护门，框架同样也是不锈钢质地。至于窗户，机房并没有配备，仅仅是配备了铅玻璃观察窗，厚度大概为 2 cm。

（2）提醒标志。在机房附近设置一定数量的提醒标志，并且安装机房工作状态指示灯。

（3）促进机房空气流通。在机房的顶端安装一定数量的排气扇，避免机房完全封闭，空气无法有效对流。

（4）医护人员使用防护用具。在机房内配置类似于铅帽、铅围脖等必要的防辐射用具，给予医护人员工作时使用。

（5）机房面积标准　机房总面积为 36 m²，符合国家有关标准。

（二）放射防护与影像质量控制检验检测结果

为保证放射工作高效展开，医院特委托疾控中心定期对该院放射工作医护人员检查职业健康。从有关数据当中可了解到该院中所有放射医护人员均符合相关的职业健康标准。

（三）放射保护管理

1. 防护管理规定

按照《放射诊疗安全防护管理组织和制度》规定设立了相关的管理组织，使得责任很好地落实到了实处。并且确定《放射事件应急处理预案》的紧急事件处理办法，使得突发事件可在有效的时间内得到有效控制。医院本身加强自我操作内容管理，使得规定落到实处。

保证 X 射线影像的诊断结果准确，需要依照建设单位设定的《X 射线影像诊断质量保证方案》，构建职责分工明确的质量保证组织，务必加强相关医护工作人员的工作专业性；详细规定影像检查设备的质量控制、医疗安全的保证、影像检查过程的质量控制、诊断报告书写格式和质量评价标准、影像质量评价标准、影像质量评价制度。有关诊断资料要及时备份保留；定期对设备进行检查保养维修。严格按照建设单位制定的《放射工作人员职业健康管理制度》，提升放射室工作人员自身的综合素质。即工作人员需要拥有良好的身体素质，并且自身对放射工作这份职业有着深刻的认识，心理承受能力和道德素养都比较高。同时还要，做好健康监护档案管理、保健休假制度、职业健康检查、个人剂量监测、放射安全防护知识培训等工作。

细化放射工作所涉及的各方面也是十分重要的，例如医疗照射质量保证措施、放射防护经费预算、辐射监测、设备维护保养方面，可从有关 CT 机的《CT 检查操作规程》（WS/T391 — 2012）操作规范当中寻找参考。

2. 防护管理人员

建设单位建立了有关安全小组，共 8 名成员，选举其中 1 名担任组长，并且落实了有关的工作任务分配以及职位责任。

3. 个人剂量管控

医院特委托当地疾控防御中心对该院有关放射工作医务人员的个人剂量进行监控关机。从有关数据中可获得在该年度中有工作人员的有效剂量均要低于标准值，同时也低于管控标准水平。

4. 教育培训

该院中所有放射工作医护人员均参加了卫生局所组织的培训活动，并且在培训考核当中取得了优异成绩。

5. 存档管理

医院建立放射防护方案并且对其进行针对性管理。其中管理档案工作内容主要包括对上述提到有关放射工作人员的 3 项内容进行保留管理，及时比对，方便展开日后的工作。

（四）评价

文中提到的各项采取措施，该项目均落实到位，并发挥了预期效果。

①通过分析可了解本节中提到的建设项目属于一般放射性危害类别；②机房为防止辐射所采取的各项保护措施有效实用，很好地保证了医护人员的身体健康。通过比对放射工作医护人员的年剂量，远低于国家规定的标准剂量也很大程度地说明出了这一点；③该项目当中的放射影像质量与水平达到了国家标准；④该项目中拥有优良的放射防护手段和管理体系；⑤经过一系列综合考量可知该项目各项工作都得到落实并且符合相关规定的要求，故能够竣工验收。

①在原有提示手段中添加警示标语这一项，使得警示作用一目了然，并且定期检查工作状态指示灯的工作情况，确保实现其与机房有关闭门装置的有效响应。②对放射医护人员进一步加强培训，确保每个人均持证上岗，即均通过放射工作考核，获得放射工作人员证。③在保护受检人自身防护方面加大力度，即在检查出结果的同时，也保证受检人的剂量符合国家制定的标准，保护其健康不收放射辐射影响。④在进行CT检查时尽量避免无关人员滞留在检验检测现场，若在特殊情况下需要，则同样对其进行好有效防护措施。

四、CT 扫描技术与放射性研究

X 射线计算机断层扫描（X-ray computed tomography，CT）在临床应用的初期，由于辐射剂量相对较大，检查时间过长，临床医生的认知存在一定的局限性，使得CT 检查的应用远远不具备广泛性，其辐射剂量更未引起人们的广泛关注。随着 CT 设备的不断进步，从单纯的头颅检查拓展到全身检查，从滑环 CT 发展到螺旋 CT，从单排螺旋 CT 发展到当前的 320 层螺旋 CT，其图像质量越来越高，空间分辨率达 0.4 mm；检查速度越来越快，球管旋转一圈仅需 0.27 s；计算机后处理功能越来越强大，可进行多维的三维重组，空间分辨率达到各向同性。在当今医患矛盾加剧，致使 CT 检查的适应证放宽，甚至拓展到良性病变的检查，临床医生对 CT 检查的认知度有了提高，最终导致其热衷地追随，用 CT 诊断一切，出现盲目利用 CT 进行诊断，即所谓"撒大网"。

然而，射线存在着两种风险：①累积的射线量的风险；②射线量过低造成图像质量欠佳而导致漏诊。因此，如何在两者之间寻求平衡，不仅是学术界关注的焦点，也引发了对辐射防护的重视。

（一)X 射线辐射的危害

1. 放射剂量与辐射损伤

辐射剂量的增加导致基因突变，致使肿瘤发生也随之上升。有研究认为，DNA

双螺旋结构打破是导致细胞的关键性损伤，辐射诱导突变基因或从双螺旋结构打破畸变增多可最终导致癌症，在低剂量和低剂量率下从 0 呈线性上升，因此，Feinendegen 概括为：电离辐射导致哺乳动物 DNA 受损，随着剂量增加成正比例关系。

2. 影响辐射损伤的因素

X 射线作用于机体后引起的生物效应受辐射性质（如种类和能量）、X 射线剂量、剂量率、照射方式以及照射部位和范围的影响；也与年龄、性别、健康情况、精神状态及营养等有一定程度的差异；同时，还存在人体组织对 X 射线照射的感受性差异。

人体高感受性组织包括：造血组织、淋巴组织、生殖腺、肠上皮及胎儿；中高感受性组织包括：口腔黏膜、唾液腺、毛发、汗腺、皮肤、毛细血管及眼晶状体；中感受性组织包括：脑、肺、胸膜、肾、肾腺、肝及血管；中低感受性组织包括：甲状腺、脾、关节、骨及软骨；低感受性组织包括：脂肪组织、神经组织及结缔组织。

（二）CT 辐射剂量的危害

1.CT 辐射剂量

1989 年，国际放射防护委员会称，尽管 CT 检查仅占所有检查的 2%，而对于公众诊断性成像的接收剂量，CT 却占 20% 左右。而英国认为此数据可能会上升到 40%，美国则认为会上升到 67%。多层螺旋 CT 检查其吸收剂量可能会上升到 40%。2002 年北美放射年会数据显示，CT 是医学辐射最大的来源。虽然 CT 只占科室检查总数的 15%，但其放射剂量却占 70%。有文献报道，2006 年美国大约进行了 6200 万次的 CT 检查，虽然 CT 检查只占所有影像学常规检查的 15%，但是由于每次 CT 扫描会产生相对较高的辐射剂量，因此 CT 扫描产生的辐射剂量占所有医学辐射剂量的50% 左右。

2.CT 辐射的高危人群

以往认为，影像诊断学关于辐射导致癌症危险率增加的调查，主要集中在某些特定的器官扫描或有特殊忧虑的人群中，其中最主要的是强调对患儿的致癌性。2006 年，美国有超过 6 千万次的 CT 检查，而且正以每年 10% 的速度增长，在这 6 千万次检查中有 4 千万次是儿童检查。在儿童中，因 CT 诊断带来的远期患癌风险比成人要高。此趋势对儿童成像检查是一个警示，因为儿童对于放射线影响的敏感性是成人的 10 倍多，女孩对放射线比男孩更敏感。当成人的放射剂量用于婴幼儿时，其剂量效应上升 > 50%。此结果部分是由于大物体（成人）中心剂量是表面剂量的一半，而对于小物体（儿童）的中心剂量几乎就是全部表面剂量。一个小小的风险（0.35%）使得大量的检查（270 万 / 年）成倍增加，于是个体患癌的小风险成为一个较大的公众健康问题。儿童的放射曝光癌致死概率预计高出成人每剂量单位的 2 ~ 4 倍。

在所有年龄段中，在同一放射线曝光剂量下，女性的危险性大约是男性的 2 倍，年轻女性在心脏 CT 检查中，乳房软组织的危险性增高。因此，放射防护主要目的是确定一个针对各项放射检查的最大剂量值和能够满足仪器设备检验检测需求的最小剂量值。

3.CT 的重复检查

越来越多的 CT 使用导致患者重复检查的概率上升。Leswick 等报道，2001 年，30% 的患者 > 3 次 CT 检查，7% 的患者 > 5 次，4% 的患者 > 9 次；30% 的患者 CT 影像片数量 > 3 张，7% 的患者 CT 影像片数量 > 5 张，4% 的患者 CT 影像片数量 > 9 张。Sodickson 等的结论是，33% 的患者 CT 扫描 > 5 次，5% 的患者至少进行了 22 次扫描。在这些人群中 15% 的 CT 累计剂量 > 100 mSv，而这个剂量范畴在流行病学已是可信服的证据用来说明增加了导致癌症的危险。Leswick 等最近指出，美国有 1.5% ~ 2% 的癌症患者致病原因是受到了 CT 扫描的辐射。

（三）多排螺旋 CT 的应用

1.CT 扫描仪

在我国，新型 CT 扫描仪 - 多排探测器 CT 已装备到县级医院，是采用 2 个或更多平行排列的探测器，利用同步旋转球管和探测器阵列的第三代技术装备而成。由于其 X 射线球管旋转一周可以获得多个层面的图像，因此又被称为多层面 CT 扫描仪。20 世纪 90 年代早期，就有双探测器或多探测器系统，多排探测器 CT 迅速被放射学家接受，2000 年末，超过了 1000 台，世界范围内使用这类 CT 扫描仪的数量几乎呈上升趋势。

2. 多排探测器 CT 的优势

多排探测器 CT 的优越性在于：具有更好的密度和空间分辨力、更快的扫描速度及更大的扫描容积。扫描速度可达到 0.27 s，采集的数据实现了 X、Y、Z 三个方向同性，使对比剂的利用率提高。加之其利用血管扫描自动跟踪技术，使被检部位增强效果达到一致，避免因受检者血液循环快慢或操作者对延时扫描时间判断失误而影响图像的强化效果。由此，多排探测器 CT 扩展了其在临床应用的范围，将 CT 从单纯形态学诊断向功能性诊断推进了一步（如脑和肺的灌注成像、动态心脏功能分析以及实时四维成像等）。16 层 CT 的性能是传统螺旋 CT 扫描仪的 25 倍以上，而当今的 64 层 CT 机已开始广泛投入使用，且 320 层螺旋 CT 也已应用于临床。

（四）放射防护的目的与原则

放射防护的目的在于保障受检者和放射工作人员及其后代的健康和安全，防止发生有害的非随机性效应，并将随机效应的发生率限制到可接受的水平。为此，必须建立剂量限制体系：包括辐射实践正当化、防护水平最优化和个人剂量限值的三大基本原则。①辐射实践的正当化，是指医学影像学的放射检查必须具有适应症，避免给患者带来诊断和治疗负面效应的辐射照射；②放射防护最优化，是指在保证患者诊断和治疗效益的前提下，实施的辐射剂量应尽可能地保持在合理的最低水平；③建立照射外防护，包括缩短受照时间、增大与射线源的距离和屏蔽防护，合理降低个人受照剂量与全民检查频率。

（五）优化 CT 扫描技术

1. 把握 CT 检查的适应证

对于 CT 检查要有正当理由，考虑是否需要检查，是否可以由超声、MRI 取代。对于被检者来说，要提高国民对放射防护的知识水平，尽可能避免不必要的检查；扫描中尽可能地配合医生进行检查，并做好充分的检查前准备工作，减少不必要的重复扫描。

2. 采用低剂量扫描方法

图像质量和射线剂量之间存在一定的因果关系，为了增加图像的分辨力或减少图像的噪声，往往需要增加扫描的射线剂量，这对于诊断而言或许有利，而受检者却额外接受了 X 射线的辐射，为此将曝光参数调整到所需最小剂量（如对于胸部 CT 普查的受检者和儿童检查时可以考虑低剂量 CT 扫描）。如管电压不变，管电流的高低与 X 射线辐射量呈正比关系，虽然管电流的降低增加了图像噪声，降低了图像信噪比，但对图像的空间分辨力影响较小，同时通过适宜的窗宽、窗位的调节，以及多平面重建等后处理技术，对图像的质量并无明显影响。

对受检者进行低剂量螺旋 CT 检查时，受检者接受的 X 射线剂量是常规扫描的31%，有利于对受检者的防护；低剂量螺旋 CT 对 CT 球管也有利。X 射线是由高速运行的电子流撞击靶面后产生，CT 球管的寿命取决于曝光的次数和每次的曝光时间，曝光次数越多，电子撞击靶面的次数也就越多，球管受损的概率相应增加。低剂量螺旋 CT 对球管具有保护作用；低剂量螺旋 CT 扫描对检查出的图像同样清晰，对小病灶及结节的检出与常规扫描检出的数量近乎一致，而且病灶的外形、大小等也与常规扫描一致。

3. 适时调整 X 射线辐射剂量

多排探测器 CT 在整个扫描过程中可根据受检者的体厚、密度及原子序数状况来适时调整其辐射剂量，改变以往无论受检者体质状况如何均采用统一的 X 射线剂量，做到 X 射线剂量个体化，使低剂量和超低剂量的 CT 扫描成为可能，尤其对高对比结构，如肺或骨骼，只需 1 mSv 的有效剂量即可将肺血管 CT 的检查效果做到最好。超低剂量应用可将 X 射线剂量降至 0.4 mSv 以下，此剂量相当于采用 100 速屏 - 片系统传统后前位和侧位胸片之和。在扫描过程中，根据受检者身体不同的密度、厚度及原子序数等采用适时曝光剂量，即在受检者扫描时，其密度、厚度及原子序数越大，则扫描过程中的放射剂量也随之加大；反之，则减少。

4. 精确体位设计及"目标扫描"

在扫描序列设定之前，尤其是在扫定位像时，要做到体位设计定位精确，避免过多的扫描人体，减少操作失误和重复扫描。为满足临床需要使用螺旋曝光或连续扫描序列。根据病灶的大小、部位等确定扫描的层厚、层间距及螺距，如对于部位小、病灶小，为了更能突出其病灶的特点，可以采用薄层及小螺距扫描；而对病灶以外的部位可适当地进行较大的层厚、层间距及大螺距的扫描，以减少扫描层数，达到"目标扫描"。

5. 扫描全程防护及严控多期扫描

当有明确临床资料支持应用，方可使用对比增强扫描。对于 CT 平扫加增强的受检者而言，需根据病情而定。如复查的患者，可以考虑直接增强，以减少平扫或多期扫描所致的辐射剂量的增加。

严格执行防护安全操作规则，在 CT 扫描时，尽可能地避开对 X 射线敏感的部位或器官，如造血组织及性腺等。对于无法避开的应做好扫描区以外部位的屏蔽防护，不能只采用铅衣单纯地覆盖，需采用围脖之类，以防 360° 的辐射。扫描时尽可能让陪伴人员离开，对于危、急、重症患者的陪同人员，应穿铅防护衣并尽可能远离 X 射线球管。

在合理使用低剂量的原则下，做到"曝光剂量个体化"；根据诊断需求将曝光剂量降至最低，接受具有适当噪声的图像，以达到在放射曝光最小代价下获得好的诊断性图像。要充分利用 CT 的"非耦合效应"，即数字和电子控制使得最终影像与放射剂量分离。在合理使用低剂量的前提下，进一步做到放射剂量个体化。

第六章 矿山设备安全检测检验

第一节 矿山设备安全检测检验的必要性

一、矿山在用安全设备检测检验的现状

自煤炭行业的兴起，国家一直严格要求对地下矿山的在用设备，进行安全性能检测检验，至今已对近百家矿山企业进行了检验。检验主要针对一些大型设备，包括提升机、水泵、风机、空压机等。检验结果表明，大部分提升设备初次检验结论为不合格，地下矿山的在用设备普遍存在较为严重的安全隐患，即使按规范要求允许投入使用的，也存在一定缺陷，也就是说设备都存在缺陷。例如某矿山单位刚刚投入使用的两台缠绕式提升机，由于设备机型新，检测单位便认为没有问题。然而在接下来的现场实际检测过程当中，发现一台缠绕式提升机的制动盘发生变形，不符合制动力矩的要求；而另外一台缠绕式提升机，制造单位没有安装到位，导致其缺乏安全保护装置。二者皆存在巨大的安全隐患，所以在检验检测工作进行时，一定要务真务实。

二、矿山在用安全设备检测检验存在的主要问题

（一）缺乏提升运输设备方面的选型知识

在不了解矿山提升设备使用要求的情况下，许多小矿山就开始选用提升设备。这造成一种地域性的雷同现象，通俗来讲，就是同一类型的提升设备在同一地区被广泛使用，导致在设备的选用上缺乏实际的工作条件考虑。而造成这一现象的主要因素在于设备安全知识以及选型知识的缺乏，矿山单位之间彼此模仿。从使用的设备类型来看，使用的类型繁多，有的甚至使用自制的一些设备。

（二）对钢丝绳的选型和使用要求不清楚

在矿山设备的安全管理工作中，应加强钢丝绳的管理工作。而不少小型矿山企业恰恰忽略了这一点，在钢丝绳的管理工作上，缺乏必要的定期检验安排和日常检查记

录。有的企业用一般用途的钢丝绳用于提升工作，并在钢丝绳的选用上认为越粗越好；有的钢丝绳明显损坏，却仍在使用；这表明小型矿山企业的安全意识极其淡薄，对钢丝绳的选型和使用要求不清楚。

（三）矿山在用安全设备检测检验规范不完善

检测检验的技术依据是规程、规范。目前，在用设备、仪器的检测上，缺乏健全完善的检测技术规范，难以满足对矿山在用安全设备的检测检验需要。对于已经发布的技术规范，在实施过程中，也发现了一些不完善的地方，如测试方法可操作性不强、技术要求不合理、判定依据不明确等。其他未制订安全检测检验规范的在用安全设备和在用安全仪器还在使用，采用型式检验方式的国家标准检测部分在用设备，确实存在一些问题。

（1）在型式检验标准中，要求繁多。甚至某些检验项目存在毁坏性。工作人员不了解评价其保持安全有效的标准，在用设备到底需要怎样检验。

（2）一般产品定型检验需要应用形式检验标准。在用设备的检测，被检测样品可能是长期在矿山使用的设备。而其它被检样品一般是新出厂未使用的设备。但是，对于在用设备的检测，未必能满足型式检验所用标准的要求，这是由于其安全及性能有所降低。

（3）在用设备检验的条件往往与实验室检验条件不同，通常在矿山进行。所以，更简便的检验设备和更简便的方法是必要的。另外，在保障电气设备维修后的安全性能上，在维修后电气设备防爆性能检测上，缺乏相应的技术标准。

（四）部分矿山对在用安全设备的检测检验的重要性认识不充分

在矿山井下，大量新材料、新技术、新产品被推广应用，危险性较大的设备越来越多，查找和发现设备的安全隐患，不能仅仅依靠于经验和直观判断。查找危险因素和事故隐患应利用在用设备检测检验机构的技术手段进行检测，保证其准确性、有效性。虽然检测检验工作已经开展多年，多数矿山企业能主动配合。但仍有一些矿山对检测检验工作缺乏积极的认识，不理解、不支持检测检验工作，存在省检、漏检的思想，只是为了应对验收、换证等强制要求，才被动地提出检测要求。主要原因是由于宣传不到位，矿山业主及其管理人员，没有认识到检测检验的重要性。

三、加强矿山在用安全设备检测检验的对策探讨

在矿山在用安全设备检测检验工作的开展思想上，应该从安全保障、设备管理的角度，建立服务设备使用全过程的检验检测手段、方法及标准。建立安全仪表测量准确性的保障体系、在用设备、系统的安全保障体系的具体对策为：

（一）加强矿山大型设备的检测

煤矿大型设备的检测检验是安全生产大环境下的产物，目的就是通过采用先进的检测方法和检仪器对生产主要环节设备进行现场动态检测，以了解和掌握其安全性能，及时发现安全隐患，帮助企业搞好安全生产，并为政府监管提供科学依据。按照大型设备要求，需对缠绕式提升机相关参数（机房、提升装置、提升机制动系统、液压系统、提升机应装设的保险装置及要求、信号装置、电气系统等）进行安全检测。对空压机的安全检测主要包括空压机压力、温度、转速等；对排水泵检测包括流量、扬程、转速、振动、电参数、效率等参数检测；而通风机安全检测项目包括：风压、风量、电机功率、风机效率、振动、故障诊断等。

（二）加强矿山在用安全设备检测检验重要性的宣传

在矿山在用安全设备检测检验重要性的宣传上，加强对《矿山安全规程》《安全生产法》及检测检验规范等标准、制度、法律、法规的宣传力度，提高矿山主管领导以及相关人员对设备安全性能的认识，让矿山企业相关人员了解到检测检验的重要性，为矿山在用安全设备检测检验工作的顺利开展创造良好的氛围。

（三）完善省级矿山监察机构在用设备检测检验，建设安全仪表校准平台

以现有 26 个省级矿山监察机构安全技术为中心基础，强化在用和维修后设备和仪器仪表检测检验的技术手段，完善、扩充、升级在用仪器仪表和设备检测检验的专业设备，严格把控在用设备和仪器仪表定期和维修后的安全性验证。

综上所述，矿山在用设备的检验检测是必要的，是对工作人员人身安全以及矿山财产安全的一道保障措施。所以，它是一项公正、严肃、科学的技术服务工作。针对矿山在用设备检测检验中存在的安全隐患，一定要及时提出解决方案和改进措施，提高矿山行业的安全生产水平以及安全管理水平，保障工作人员的人身安全及施工的安全。同时，测试结果可以为相关安全监督管理部门了解煤矿企业情况提供客观依据。目前，国内大多数煤矿企业缺乏专业的管理人员，技术力量薄弱。所以，矿山在用设备安全性能的检测工作已经是刻不容缓。加强安全检验检测工作的宣传力度，提高企业人员对检验检测重要性的认识，加大监管力度，督促企业定期对设备进行安全性能检测检验，将更能保障在矿山实际生产中的安全性。

第二节　煤矿在用设备安全检测检验的作用和意义

目前，在煤矿矿井开发中，一些大型的在用设备在安全生产中有着重要作用。比如，提升机在生产中被称为矿井的咽喉安全要道，还有就是通风机在煤矿生产中被称

为呼吸系统，空压机在矿井的生产系统中是挖掘煤巷的动力来源，以及主排水设备是将生产过程中产生的废水和灌浆水等排放到地面。由于这些煤矿设备的使用关系到矿井工作人员和操作环境的安全性，所以煤矿生产操作人员要保证在用设备的安全运行，操作人员除了要对设备进行精心维护与合理使用，最为主要的是对煤矿在用设备进行安全检测，并对其检测的结果做出评价分析，从而能够为煤矿提供设备使用的真实情况。煤矿应该要求工作人员对在用设备做到有问题早发现早治理，防患于未然。本节就设备的安全检测在煤矿工作中的作用和意义进行分析研究。

一、在用设备的检测以及对检验情况的分析

如果煤矿在用设备中检测出隐患问题，工作人员要及时地找出原因并解决。以下内容是根据实践调查，对煤矿设备在运行中可能出现的问题及原因进行举例说明：

在煤矿设备提升机的检测过程中，如果制动闸出现闸瓦之间的间隙超出限额等问题，原因可能是操作人员没有定期地清洗和检测安全阀，对提升机的清洗维护做得不到位，从而导致闸瓦间隙超出规定限额而造成隐患工作，所以煤矿工作人员要加强平时检验的力度，避免以后这样的情况发生。

对于通风机可能出现的安全隐患，例如通风机出现叶片断裂，这是由于叶片长时间的受风流中含有腐蚀性气体的侵蚀造成的。工作人员要定期地对叶片进行无损检测，并及时处理不合格的叶片，要保证煤矿能够正常生产。

空压机的压缩机如果发生噪声超标的现象，肯定是由于平常对缸体与轴承缺乏检修而导致的。

矿井的主排水系统中存在的安全隐患，比如说在水泵启动时引起的跳闸问题，多是由于线路配件的磨损造成的，矿井操作人员对于设备细节之处也要加强检测与维护。

通过上述对煤矿在用设备的安全检测分析，体现出设备安全检测在煤矿生产管理中的作用和重要性。例如，排水系统是煤矿重要在用设备之一，煤矿对其进行的检测内容有电参数值、噪声和振动的效率以及排水能力等等。由于许多矿井中的涌水量非常大，而排水设备的安装是依据煤矿生产需求逐步进行的，从而导致排水系统出现很多安全隐患，所以对矿井排水系统的安全检测是必要的。

二、煤矿在用设备定期安全检测检验的作用与意义

（一）煤矿企业对设备的安全管理不到位的原因分析

目前，煤矿的安全管理制度不够完善，由于大部分煤矿的负责人缺乏以工人安全为主的思想观念，而且他们的安全意识也极为薄弱。因此矿主为了给自己争取更多的

利益，只是一味地减少有关煤矿安全管理方面的资金投入，从而影响了矿井在用设备的安全检测，导致设备得不到安全的维护与检测。

（二）煤矿设备进行安全检测的作用与意义

煤矿负责人不仅要以矿井工作人员的安全为主，还要经常性地开展安全教育活动，从而提高煤矿工人的安全意识，降低事故发生率。在这种情况下，煤矿就需要一个精通专业知识的安全管理队伍，对设备安全检测结果能够出具一个科学的数据。

首先，通过对在用设备的安全检测，煤矿企业人员可以对设备的使用情况有一个透彻的了解。工作人员通过查看设备的检测报告，能够对设备出现的隐患有一个直观的了解。比如哪些设备需要保养，哪些需要维修或者更换等。其次，煤矿设备安全检测能够促进煤矿企业加强对设备安全管理的力度，同时，也避免了在煤矿开发中可能出现的安全事故。所以在煤矿在用设备安全管理中，对设备开展安全检测，不仅能够及时发现存在的安全隐患，还有利于设备生产效率的提高。

近几年来，煤矿在用设备的安全检测中发现了很多隐患，但是政府督促煤矿进行整改，以防患于未然，如果煤矿设备中存在的隐患没有得到及时处理，事故造成的后果我们无法设想。实践表明，在煤矿安全生产和现场管理过程中，设备的安全检测工作发挥着重要作用。只有通过对煤矿设备的定期检测，才能对煤矿生产中可能出现的安全隐患做到防患于未然，同时，也为设备的更新和安全运行起到了指导的作用，为煤矿安全管理措施的完善提供理论根据和技术支持。

众所周知，矿井大型固定设备中，提升机在煤矿生产中可称之为矿井安全中的咽喉要道；通风机可称之为矿井的"呼吸系统"；空压机是煤矿安全生产系统中岩巷和煤巷掘进的动力源泉；主排水系统承担着把井下生产中的涌出水和污水以及灌浆水排至地面的任务，也关系到操作人员和工作环境的安全问题；要保证煤矿在用设备的可靠安全运行和使用，除平时精心维护，合理操作使用外，主要是通过检测检验手段，全面对在用设备进行测试验证评价分析，为使用单位提供科学真实的在用设备使用状况，做到有隐患早治理，有问题早防备，把事故消灭在萌芽状态。

三、提升机检测检验发现的主要隐患及原因

机房噪声超限，多是由于维护不到位，导致钢丝绳出口托辊损坏或转动不灵活、电机或减速机振动过大所致，而噪声超限，容易导致司机注意力不集中，心情烦躁，操作失误，这无疑对提升司机来说是高级杀手。

提升装置天轮、滚筒、导向轮的最小直径与钢丝绳直径之比不符合要求，主要原因是技术人员在选绳或换绳时，未严格按标准和规程进行验算，盲目认为绳径越大越安全所致，未考虑钢丝绳的弯曲半径小到一定程度，外层钢丝便有被拉断的可能。

实测制动力矩与实际提升最大静荷重旋转力矩之比不符合《规程》要求，原因多是由于盘形闸碟形弹簧长时间不更换或检修，即使更换了也不知制动力是多大是否符合要求，还有种情况是提升载荷发生改变了而未进行测试和验算。

制动系统无二级制动或二级制动减速度不合格。提升机运行过程中油路阻塞或电路问题等原因，都可导致无二级制动或二级制动减速度不符合规程要求，有的提升机由于制动力过大没有二级制动，导致上提重载制动减速度超过上限值，引起松绳甚至断绳事故。

信号回路不闭锁，保护装置不规范、动作不可靠。多是由于维修和操作人员安全意识薄弱或是对《规程》的理解不够透彻，出现闸间隙保护不报警、松绳保护未接入安全回路、井口信号与绞车的控制回路不闭锁等安全保护装置不规范或接线有问题等现象。

制动闸的闸瓦间隙超限、空动时间超限。多是由于维护不到位，没有定期进行检查或清洗安全阀和油路，导致间隙超限和回油太慢造成的安全隐患，只要平时多加强检查和维护，是完全可以避免的。

四、通风机检测检验发现的主要隐患及原因

通风机叶片出现裂纹或断裂。通风机叶片由于长期受力和风流中含有多种气体对枫叶有腐蚀性，容易导致风叶出现裂纹和腐蚀的现象，通过定期无损检测，每年都能检测出不合格叶片达 10 — 50 余片，如不及时处理，将严重影响矿井的正常生产。

通风机温度指示仪表和温度传感器误差过大，导致温度保护不起作用。主要原因是使用单位对温度传感器的作用认识不清，通过校验可以保证温度指示仪表的精确度，以便及时准确报警，为通风机的安全可靠运行提供保障。

对监视用仪器仪表未定期检定。主要原因是使用单位对通风机监视用仪器仪表的重要性认识不足，对其作用认识不清而造成的。

五、空压机检测检验，主要存在的安全问题及原因

风包未定期进行检定。个别单位管理环节薄弱，甚至不知道压力容器为国家强制检定的特殊设备，没有定期进行检定。

风包无超温保护装置，或超温保护装置失效；超温保护未接入安全回路，当超温时，不能自动切断电源和报警。多是由于操作人员和维修人员安全意识薄弱，未定期进行校验和试验，导致保护装置不起作用。

安全阀未定期检定，压缩机油无闪点试验报告，多是由于安全意识淡薄，没有压缩机油高温发火的经验教训，不理解定期检定和试验的意义，管理不到位而造成的管

理上的疏忽。

压缩机振动、噪声超标，多是由于日常维护和检修不到位，导致轴承或缸体磨损严重。

排气效率低，也是日常维护和检修不到位，定期检修制度落实不够，没有定期对活塞式压风机的进、出气阀进行清洗或更换阀片，造成漏气，导致排气效率低。

六、主排水系统检测检验，主要存在的安全问题及原因

主排水泵轴承处和出水口处振动超限，多是由于维护不及时，没定期对轴承加油或维修，导致轴承磨损严重，水泵出水口处连接不对中，振动超标，长此运行，最终导致水泵损坏。

排水管路结垢严重，水泵流量小，水泵效率低。由于矿井水中水垢较多，管路运行时间长易在管壁上形成较厚的垢层，以致管路内径变小，增加管道阻力，水泵流量下降，直接影响了水泵的排水能力。

水泵选型配置不合理，富裕扬程过大。由于技术人员在设备选型时盲目追求越大越好，而没有考虑富裕扬程过大，将降低管路效率，导致吨水百米电耗超标，造成浪费。

控制开关保护不灵敏，有的甚至甩开保护使用。多是由于主排水泵启动较频繁，保护机构失灵或配件损坏，维护不及时造成的。

启动所有水泵运行时，引起跳闸，多是由于配电线路选配不合理或线路配件损坏造成的。

综合近年来的检测检验工作，每年检测中发现的安全隐患达三十到九十多项不等，通过中心的努力并督促矿方进行整改，避免了一些潜在事故的发生，这些隐患如不及时处理，一旦造成事故后果不堪设想。事实说明，煤矿在用设备的检测检验工作在保证安全生产及促进现场管理方面发挥了重要作用。通过检测检验，可以真实的反映矿用安全产品在使用中存在的安全隐患，透析出设备操作人员维护人员存在的不安全行为，解析管理人员的管理思路和管理素质，同时，为在用设备的更新改造、安全经济运行中起到了积极的指导作用，为不断完善安全管理制度和安全措施提供科学依据和技术支撑。

第三节　煤矿在用安全设备检测检验的现状及对策探讨

煤矿在用设备、材料、仪器仪表的安全性能、安全仪表测量的准确性，是关系煤矿安全生产的重要基础。煤矿井下使用的大量安全仪器仪表主要承担瓦斯浓度等环境

参数的测量和安全控制，其测量和控制的准确性直接影响到瓦斯浓度的大小，且容易受煤矿井下潮湿环境和其他多种有毒有害气体、粉尘物质、通风流速等因素的影响，稳定性较差，尤其是电化学类传感器，在开机一段时间后都会有零点漂移和灵敏度漂移的现象发生；煤矿用电气设备、仪器仪表的防爆等安全性能、非金属材料的抗静电性能直接关系到引起瓦斯、煤尘爆炸的火花产生；这些安全设备单靠制造单位在申办安全标志过程中的型式检验或出厂检验，并不能确保它们在使用全过程中安全、有效地工作。据不完全统计，在我国煤矿生产中，因机电设备引起的事故占煤矿事故总数的 50% 以上，在煤矿发生的瓦斯爆炸事故中，设备失爆是引发瓦斯爆炸的重要原因。因此，对煤矿在用设备、材料、仪器仪表的安全性能检测、安全仪表的定期校准，保障其安全可靠，是预防与控制煤矿瓦斯爆炸等安全事故的有力抓手。

一、煤矿在用安全设备检测检验的现状

（一）初步建立了煤矿在用安全设备检测检验技术支撑能力

1992 年 7 月，为确保矿用计量器具的量值准确统一，保证矿山作业安全，保障矿工人身安全与健康，依托原煤炭科学研究总院重庆研究院，建立了国家矿山安全计量站，承担全国范围内涉及矿山作业安全的甲烷、风速、粉尘三大类测量仪表的检定、测试和量值溯源，为矿山安全生产提供了强有力的安全计量技术支撑。

"十一五"、"十二五"期间，为了对煤矿在用安全设备的监管监察工作提供检测检验技术支撑能力，在中央财政的支持下，省级煤矿监察机构建设了 26 个安全技术中心，具备了主要在用设备的检测检验能力、部分安全仪表定期校准能力和一般事故的分析验证能力。煤矿在用安全设备检测检验范围主要包括：煤矿在用缠绕式提升机系统、煤矿在用提升绞车系统、防坠器、重要用途钢丝绳、煤矿在用窄轨车辆连接链、煤矿在用窄轨车辆连接插销、斜井人车、非金属材料、煤矿用架空乘人装置、催化燃烧甲烷测定器、光干涉甲烷测定器、矿用风速测量仪表、矿用粉尘采样器等十七种。

（二）制定并实施了煤矿主要在用设备安全检测检验规范

2005 年起，国家安全生产监督管理总局制定并实施了《煤矿在用主通风机系统安全检测检验规范》（AQ1011-2005）、《煤矿在用主排水系统安全检测检验规范》（AQ1012-2005）《煤矿在用缠绕式提升机系统安全检测检验规范》（AQ1015-2005）《煤矿在用提升绞车系统安全检测检验规范》（AQ1016-2005）、《煤矿在用窄轨车辆连接链检验规范》（AQ1112-2014）、《煤矿在用窄轨车辆连接插销检验规范》（AQ1113-2014）等 8 项煤矿在用设备安全检测检验规范，对规范安全检测检验工作，提高煤矿在用设备的检测检验质量和水平，保障煤矿在用设备的安全运行和煤矿安全生产起到了指导和促进作用。

二、煤矿在用安全设备检测检验存在的主要问题

（一）煤矿在用安全设备检测检验技术支撑能力不足

当前，煤矿在用安全设备检测检验技术支撑能力滞后于产品更新换代、技术发展的步伐，难以满足日益增长的安全生产监管监察和事故物证分析工作需要，主要存在的问题如下：

（1）检测检验能力覆盖范围不全，矿用新设备、新仪器的安全指标的检测检验能力相对较弱，不能满足近年新推广的在用仪器、设备的安全性检测检验。如煤矿安全监控系统（包括环境监控系统、顶板压力监控系统、皮带保护监控系统、安全生产监控系统、水泵运行监控系统、通风性能监控系统、采煤机监控系统、液压支架监控系统、煤炭产量监控系统等）、二氧化碳报警仪、二氧化碳传感器、氧气报警仪、氧气传感器、温度传感器、粉尘浓度传感器、直读式粉尘浓度测量仪、红外甲烷传感器、红外甲烷检测报警仪、高低浓度甲烷传感器、矿用水位监控系统、硫化氢检测报警仪、瓦斯抽放监控系统、瓦斯抽放综合参数测试仪、顶板离层监控系统、矿用电力监控系统、矿用变频调速系统、人员定位管理监控系统、矿用通信系统、矿用手机等。

（2）缺乏先进的煤矿在用安全设备分析测试手段，早期配置的部分检测检验专业设备的技术水平不高，有的已严重老化。

（3）原配置的检测仪器主要针对正常使用的矿用设备、仪器的安全性能的检测检验，对维修后的设备、仪器的安全性能检测手段不全，对维修后的电气设备的防爆性能未进行检验，难以保障设备使用全过程的安全性能。

（4）现有的矿山安全仪表校准仪器满足不了我国矿山行业快速发展的需求。现有的矿山安全仪表校准仪器大部分是我国在 20 世纪 80 年代末自行研制的，大部分仍停留在原有水平，有的经长期使用后技术指标逐渐降低，有的已严重老化，由于是公益性的实验室，投入的更新改造资金极少，目前已跟不上技术发展的需要。近年，随着煤炭行业的快速发展，国家对安全生产的重视和安全生产管理手段的不断加强，自动化监控技术已在煤矿井下越来越被广泛应用，其配套的监测仪表，如瓦斯突出预测预报仪、压力检测仪、环境监控用传感器（如温度、风速、粉尘浓度、流量）以及矿用提升机综合测试仪、矿用空压机综合测试仪、矿用水泵综合测试仪、矿用风机综合测试仪等，还没有相应的计量技术法规和相应的计量标准，致使不少计量器具处于无检测校准的状态下使用，为矿山安全生产埋下了严重隐患。

（二）煤矿在用安全设备检测检验规范不完善

标准、规程是检测检验的技术依据。目前，在用仪器、设备的检测技术规范不健全、不完善，不能满足对煤矿在用安全设备的检测检验需要。已发布实施的煤矿在用四大件等安全检测检验规范，在实施过程中也发现了一些问题和不完善的地方，如技术要求不合理，测试方法可操作性不强等。其他在用安全设备和在用安全仪器、仪表还未制订安全检测检验规范。部分在用设备的检测检验标准，还是采用型式检验所涉及的国家或行业标准，但是，使用这些标准用于检测在用设备确实存在一些问题：①型式检验标准中的要求，一般用于产品定型检验，也可以说被检样品一般是新出厂未使用的设备，但是，在用设备的检测，被检测样品可能是长期在煤矿使用的设备，其安全及性能均可能有所降低，未必能满足型式检验所用标准的要求。②型式检验标准中要求众多，某些检验项目甚至涉及破坏性，在用设备到底需要检验哪些标准中的要求才能评价其保持安全有效。③在用设备检验往往在煤矿进行，检验条件往往与实验室检验条件不同，因此，需要更简便的方法和更简便的检验设备。此外，对维修后的电气设备的防爆性能亦无相应的技术标准，不能保障电气设备维修后的安全性能。

（三）部分煤矿对在用安全设备的检测检验的重要性认识不充分

随着大量新产品、新技术、新材料在煤矿井下的推广应用，煤矿井下危险性较大的设备日益增多，仅靠经验和直观判断往往不能查找和发现设备的安全隐患，依托在用设备检测检验机构的技术手段，是准确地查找事故隐患和危险因素的有效途径。虽然检测检验工作已经开展多年，多数煤矿企业对检测检验工作有了积极的认识，能主动配合，但仍有一些煤矿对检测检验工作不理解、不支持，存在能不检就不检的思想，只是为了应对换证、验收等强制要求，才被动地提出检测要求。主要原因就是宣传不到位，煤矿业主及其管理人员，没有认识检测检验的重要性。

（三）加强煤矿在用安全设备检测检验的对策探讨

煤矿在用安全设备检测检验工作的开展思路，应该从设备管理、安全保障的角度，建立服务设备使用全过程的（正常使用、维护检修、报废）检验检测标准、方法、手段，建立在用设备、系统的安全保障体系、安全仪表测量准确性的保障体系。具体对策为：

1.加强在用仪器、设备安全检测检验规范建设

在现有煤矿在用四大件安全检测检验规范的基础上，制、修订煤矿在用主要安全仪器、设备安全检测检验规范。建立完善的、技术先进的、与煤矿安全设备发展相适应的在用设备检测检验技术标准体系。

2.完善省级煤矿监察机构在用设备检测检验、安全仪表校准平台建设

在现有26个省级煤矿监察机构安全技术中心基础上，扩充、完善、升级在用设备和仪器仪表检测检验的专业设备，强化在用和维修后设备和仪器仪表检测检验的技

术手段，严格在用设备和仪器仪表定期和维修后的安全性验证。

3. 加强矿山安全仪器仪表计量检定（校准）实验室建设

在现有煤矿甲烷、风速、粉尘三大类测量仪表检定（校准）的基础上，扩充、升级矿山安全仪器仪表计量检定（校准）的专业设备，严格煤矿安全仪器仪表的量值溯源。

4. 加强煤矿在用安全设备检测检验重要性的宣传

进一步加大对《安全生产法》《煤矿安全规程》及检测检验规范等法律、法规、标准、制度的宣传力度，使煤矿企业相关人员认识到检测检验的必要性和重要性，提高煤矿主管领导以及相关人员对设备安全性能的认识，为煤矿在用安全设备检测检验工作的顺利开展创造良好的氛围。

5. 加强煤矿在用设备检测检验信息化建设

通过物联网技术，对提升机、通风机、水泵、压风机、移动变电站等煤矿在用安全设备的检测检验信息进行核查，督促煤矿加强对矿用设备的检测检验和日常维护，消除运行过程中存在的安全隐患，提高矿用设备安全可靠运行。

第四节　矿山在用设备的安全生产检测检验工作

矿山在用设备的安全生产检测检验，是指根据《安全生产法》等相关法律法规、规章等规定，依据国家有关标准、规程等技术规范，对矿山企业影响从业人员安全和健康的设施设备、产品的安全性能等进行检测检验，并出具具有证明作用的数据和结果的活动。例如，生产设备性能测定、关键零部件探伤、电器预防性试验及电器整定、三大保护装置检测等。

矿山在用设备的安全生产检测检验，是确保矿山安全生产、设备安全经济运行的基础。在用设备投入运行前后，运用安全检测检验技术对其工作状态和性能定期及时地进行科学诊断、调整测试、检测检验，可以及早发现问题，及时采取措施，消除事故隐患，保证在用设备的安全经济运行，从而促进矿山的安全生产工作。

一、目前矿山在用设备安全生产检测检验的状况及存在问题

由于矿山在用设备检测检验工作开展时间相对较短，而且是一项全新的工作，过去在这方面的工作经验也比较少。现在矿山企业为了适应国家政策对安全生产的严格要求，大部分都是由原先的一些小矿山企业（特别是非煤矿山企业），通过技术改扩建而扩大生产规模形成的，在用设备还存在多数老、旧、杂，安全性能差，还有通风、

排水、提升、压风等大型固定设备带病运转的情况较为普遍，在用设备的维修检测不能满足现代化矿山企业安全生产的需求。

通过在实际开展检测检验的近几年工作过程中的不断总结，初步发现还存在下列问题：

（1）部分矿山企业特别是非国有矿山企业开展检测检验工作的意识不强，对在用设备进行安全检测检验的重要性和必要性认识不清。这些企业是当地的税收大户和经济支柱，受到当地保护主义的影响，只是把矿山在用设备检测当作办证和年检的形式性工作，选择代表性的几台设备进行检测检验，只要设备检测数量达到办证和年检的最低要求即可；没有把矿山在用设备检测检验工作当作矿山企业安全生产工作的一项重要手段，来进行认识和执行落实，认为检不检对安全生产工作没有多大影响，没有必要性，不是安全生产工作的重要手段措施之一。

（2）个别地区检测检验机构数量较多、检测技术能力参差不齐而产生恶性竞争。部分地区检测检验机构数量较多，检测检验机构人员技术力量、设备装备良莠不齐，甚至还有拼凑几个人、拼凑几台设备，搭建草台班子似的所谓检测公司或机构的，这些个别不正规的公司或机构在市场中，低价参与、擅自降低检测标准要求，只要给钱就能全部出具结论为合格的检测检验报告，恶性竞争，扰乱秩序，从而使检测检验工作质量降低，同时在矿山企业造成不良影响，影响到检测机构的正常、有序、科学的发展壮大。

（3）检测检验机构内部质量管理有待进一步提高。个别机构短期行为明显，检测技术人员工作的责任心不强，检测机构质量管理意识淡薄，一味追求市场占有和经济效益；还有个别机构对规章制度执行不到位，现有的制度与实际不匹配；部分检测检验机构出具的报告中有大量信息空白，用"/"填写，被检设备的主要技术参数信息没有收集，检测项目数据中的部分关键条款也没有进行测定，也用"/"填写，但检测检验结论却是"合格"；也有的对发现的重大安全隐患采取规避或模糊报告等等，所有这些都是内部质量管理不完善，不健全造成的。

（4）矿山在用设备的强制检测检验范围目前还比较窄。矿山企业是一个庞大复杂的系统，支持其运行的设备广而多，而现在由于检测检验工作开展时间相对较短，强制进行安全检测检验的范围比较窄，目前国家只对煤矿企业在用设备的安全检测检验目录进行了第一批的发布通知（安监总规划〔2012〕99号），但也仅仅局限在少数的主要设备上，对非煤矿山业务却没有发布在用设备的检测检验目录，只是参照煤矿企业执行。

而大量危及安全生产的重要设备（如矿山井下无轨胶轮车、带式输送机、电器设备、重要设备承载件连接件的无损探伤等）却都没有开展强制性安全检测检验，这就给矿山企业在用设备的安全生产工作留下了一个漏洞。

二、矿山在用设备安全检测检验工作建议

（一）要充分认识矿山在用设备安全检测检验的重要性和必要性

矿山在用设备安全检测检验是矿山安全生产的重要技术支撑保证。矿山在用设备安全性能的合格与否，对矿山安全生产是至关重要的，进行在用设备的检测检验，是督促矿山企业加强在用设备的管理、提高在用设备的安全性能、减少在用设备引发的责任事故的重要手段，是创造本质安全型矿井的重要技术保证。

《安全生产法》《煤矿（非煤矿山）安全生产许可证实施办法》《煤矿（金属非金属矿山）安全规程》等法律法规章规程都对矿山安全检测检验做出强制性的规定。有效的检测检验，能够消除安全隐患，避免意外事故的发生，实施定期的设备检测检验，既能保证在用设备的安全性能，又能促进安全生产的实现。全面开展矿山安全检测检验工作，是提升矿山本质安全水平的有力举措，是有效防范事故的重要手段，是加强矿山安全监管工作的有效途径，所以说，矿山在用设备进行安全检测检验，是特别有重要性和必要性的。

（二）合理利用现有资源，规范有序发展检测检验机构

要以各个地区原有的矿山技术支撑体系（如矿用产品检测检验中心、国家矿山实验室）和已经取得检测检验资质的检测机构的技术、人力和设备为基础，根据本地区矿山企业的具体数量情况，结合检测机构的检测能力，严格控制检测检验机构资质的准入条件，合理布局、数量适当，规范行为，逐步发展支持壮大一部分（如矿用产品检测中心、国家矿山实验室），淘汰一部分（如个别技术、人员、设备相对薄弱的以营利性为主的个体检测检验机构）。防止出现一哄而上、秩序混乱、无序竞争的状态，以确保检测检验标准质量。

（三）落实矿山企业主体责任，做好安全检测检验工作

矿山企业是安全生产的责任主体，必须切实做好在用设备的维护、保养和自检工作，并按规定主动接受定期的安全检测检验。安全检测检验工作也不是单向行为，矿山企业的配合是安全检测工作质量的保证。对重大的在线检测，被检单位必须有足够的时间超前安排，配足专业技术人员和维修工作人员，做好检测检验协调和应急处理，建立经双方签字认可的检测记录，以确保检测效果和质量。

（四）加强检测检验机构内部管理，提升安全检测检验质量

第一，坚持标准，严格检验。检测检验机构在检测时，要严格按照标准规范进行检测，不管是中央、地方、还是私营个体矿山企业都应一视同仁，不放过任何安全隐患，对检测检验中发现的问题和隐患，应通过书面形式告知企业，要求企业及时整改，

对检测发现的重大安全隐患，也应同时报告当地安全监管部门，为监管监察的工作到位提供依据。

第二，定期向当地安全监管监察部门通报矿山企业设备检测情况向，积极发挥安全技术支撑保障作用。

第三，要为矿山企业提供优质服务，坚持服务至上的原则，积极帮助矿山企业制定整改措施，创造整改条件，以优质的服务感化企业。

第四，要扎实做好检测检验准备工作，切实制定好每一次的检测检验方案，缩短检测时间，做到不耽误或少耽误生产时间。

第五，要加强检测检验人员管理，以检测机构《管理手册》和《程序文件》为依托，加强内部质量管理，严查违规行为，严防质量不合格的检测检验报告流入市场。

（五）循序渐进，逐步扩大矿山在用设备的强检范围

矿山在用设备的检测检验工作在现有的强检范围内，应脚踏实地，循序渐进，积极积累检测经验，在具备一定条件的基础后，应逐步扩大强检范围，力争使矿山在用设备中大部分危及安全生产的重要设备全部纳入强检范围。

矿山企业在用设备的安全生产检测检验是一项复杂的、长期的、技术性非常高的工作，需要矿山企业、检测机构和安全监管监察等部门的全面配合，严格工作程序，严谨工作态度，才能使矿山在用设备安全检测检验工作科学、公正、权威，促进矿山企业在用设备安全检测检验工作地开展，促进国家矿山安全生产技术支撑体系的发展，奠定踏实矿山企业的安全生产工作。

第五节　矿山设备安全性能的检测检验

新中国成立以来，我国金属非金属矿山的安全技术取得了长足的发展。在软件技术发展方面，制定了一系列符合国情的安全技术标准，主要体现在矿山提升运输安全技术、通风防尘技术、爆破安全技术和地压控制及边坡治理技术等方面。我国科研人员通过长期的研究，在爆破理论、通风理论和地压活动规律等方面，取得了重大成果，建立了自己的理论体系，其中《金属非金属矿山安全规程》和《爆破安全规程》是我国矿山安全技术成果的集中体现。在硬件技术发展方面，针对非煤矿山事故的特点，自主开发出通风设备及提升、运输安全保护装置和各种检测设备，解决了多项重大安全技术问题，使矿山本质安全化水平有显著提高。尤其是近年来，通过加强现场安全管理和定期检验，使设备完好水平有了较大幅度的提高。很多国有大中型矿山企业，建立健全了安全管理机构和安全管理制度，形成了完善的安全管理体系，专职安全管

理部门和人员的作用及地位也在不断地提高，摸索出了一套有效的安全管理方法。在推进现代安全管理技术方面也已取得了长足的进步。有的矿山已开展重大危险设备的定期检验活动，将危险源管理纳入安全生产管理之中，有的矿山已开展标准化管理。

但金属非金属矿山点多面广，矿山企业普遍存在安全生产意识薄弱的问题。安全方面的投入不足，大量的非国有小矿山装备水平和安全管理水平很低，安全状况极差。绝大多数非国有小矿山设计不正规，装备水平极低，多数采用手工作业方式；管理方式落后，安全管理制度不健全，缺乏安全管理机构和人员，从业人员素质低，没有基本的安全意识，不按国家有关规定进行管理，导致伤亡事故发生率非常高。全国金属非金属矿山每年死亡人数仅次于道路交通事故和煤矿事故的死亡人数，在各行业中居第 3 位。1997 年，我国金属非金属矿山死亡人数是南非的 4.6 倍、俄罗斯的 13.4 倍、美国的 14.5 倍，而且重、特大事故时有发生，在国际上造成了恶劣的政治影响，安全生产形势相当严峻。为了扭转这种不利局面，2002 年 11 月 1 日，实施的《中华人民共和国安全生产法》对重大危险设备检测检验提出了明确要求。通过对矿山重要设备定期进行检测检验、对矿用产品进行安全认证，消除存在的安全隐患，逐步提高设备的整体安全运行能力。

一、矿山重要设备检测检验的法律依据和管理方式

实施矿山设备安全性能检测检验的法律依据是《中华人民共和国安全生产法》。《中华人民共和国安全生产法》第二十九条规定"安全设备的设计、制造、安装、使用、检测、维护、改造和报废，应当符合国家标准或行业标准。"。《中华人民共和国安全生产法》第三十条规定"取得安全使用证或安全标志，方可投入使用。检测检验机构对检测检验结果负责"。《中华人民共和国安全生产法》第三十三条规定"生产经营单位对重大危险源应当登记建档，进行定期检验、评估、监控，……"。这些条款明确规定了：涉及生命安全的在用设备应当进行定期检验，新购置的设备必须具有安全标志。

目前，对于矿山重要设备，国家从在用设备和设备的生产制造两方面提出了管理要求。生产制造方面：为了进一步加强金属非金属矿山安全工作，防止可能危及生产安全的矿用产品进入生产过程，从源头上防止矿山灾害事故的发生，把好矿山企业购置设备的入口关，国家安全生产监督管理总局于 2005 年 8 月以安监总规划字 [2005]83 号文件的形式，发出了"关于金属非金属矿山实施矿用产品安全标志管理的通知"，要求相关设备生产制造单位对产品进行安全标志认证，同时要求从 2006 年 7 月 1 日起，金属非金属矿山采购纳入安全标志管理目录的矿用产品，必须是取得安全标志的产品。

矿山在用设备方面：主要是对在用设备定期进行安全性能检测检验，发现安全隐患，避免安全事故的发生。检测检验的依据主要是《金属非金属地下矿山安全规程》、

2005 年国家安全生产监督管理总局正式颁布实施的 AQ1011-2005 ～ AQ1016-2005 一系列在用设备安全性能检测检验规范、相关设备的安全标准及产品标准。

二、在用设备的现状和存在的主要问题

总体上，我国金属非金属矿山的装备水平低，劳动生产率低，矿山设备制造水平落后，而且不同规模的矿山差别很大。大型矿山的装备水平明显高于中小型矿山。小型矿山装备水平低，多数工序为笨重体力劳动；除少数有条件的大型矿山采用了国产或进口的较先进的设备外，多数矿山的装备只相当于发达国家 20 世纪 60 年代的水平，众多小矿山仍采用手工作业方式。

非国有小矿山（包括集体、乡镇、私营和个体等多种所有制的小矿山），在数量上占绝对多数，为地方经济和国家建设做出了贡献。但同时，非国有小矿山不具备基本的安全保护常识、设备装备条件差、管理方式落后、从业人员素质低、安全管理制度不健全、无视安全生产、事故相当严重，阻碍了矿业持续健康发展，给社会稳定和人民生命财产安全带来了严重影响。

自 2005 年起，"中心"开始对金属非金属地下矿山的提升设备、钢丝绳、排水设备、通风设备进行安全性能检测检验，至今已对近 300 家矿山企业进行了检验。检验结果表明，金属非金属地下矿山的在用设备普遍存在较为严重的安全隐患，90% 以上的提升设备初次检验结论为不合格，即使按规范要求允许投入使用的，也存在一定缺陷，也就是说 100% 的设备存在缺陷。例如某单位新安装的两台卷筒直径为 2.0 m 的缠绕式提升机，刚刚投入使用，受检单位认为绝对没有问题，在进行现场检验时发现，其中 1 台的安全保护装置不全（制造单位未安装到位），另外 1 台由于制动盘变形导致制动力矩不符合要求，均造成了严重的安全隐患。就提升设备的现状而言，目前提升设备主要存在以下几方面的问题：

（一）缺乏重要设备的安全知识

有很多私营企业尤其是小企业，购买使用的是二手旧设备，由于购买时资料不全，或对矿山提升的要求不了解，导致盲目使用，这些设备的功能、安全设施大多不齐全，以致造成超载使用和带病使用，存在严重的安全隐患。存在的共性问题有：有的没有保险闸，有的没有常用闸，有的干脆使用木棍进行制动，有的电机接线和线圈均裸露在外，有的不能根据矿山的实际情况选择滚筒直径，以致缠绕层数过多；普遍存在不安装深度指示器、深度指示器失效保护装置和电机外壳、电控装置不接地现象；有的使用自制斜井人车，这种人车没有任何保护措施，如同普通矿车；有的使用自制绞车、调度绞车或建筑绞车提升人员。

（二）缺乏提升运输设备方面的选型知识

很多小矿山在选用提升设备时，不了解矿山提升的使用要求，主要体现在：使用的提升设备带有地域性，也就是说，某一地区所使用的设备几乎为同一类型。造成这一现象的原因主要是缺乏提升设备的选型知识和相应的安全知识，相邻的矿山互相模仿；从使用的设备类型来看，有的使用调度绞车，有的使用建筑绞车，有的则是自行改装的绞车或行车；小型矿山的提升容器多为自制的箕斗、矿车，甚至自制罐笼和防坠装置，有的用于提升乘有司机的拖拉机和有人拖拉的平板车等。

（三）对钢丝绳的选型和使用要求不清楚

有不少小型矿山企业，不将钢丝绳作为重要设备来管理。具体表现为：使用一般用途的钢丝绳作为提升绳，选用钢丝绳时认为越粗越好，而且没有日常检查记录和定期检验安排，有的甚至发生了严重的断丝，还在用于提升。

（四）缺乏技术人员

没有相应的技术人员，不能对设备进行正常维护，导致设备的正常功能和相关的安全保护设施失效。甚至还认为这些装置没用，殊不知安全保护装置一般正常情况下不应发生作用，只有当出现危险紧急情况时，才起保护作用。

（五）设备老化严重

相当多的矿山企业为了节约成本，购买旧提升设备安装使用，设备安全保护功能丧失。有的使用年限过长，连生产日期都难以查明，这些设备的性能和安全保护功能，均难以满足现行规程规范的要求。

（六）设备管理不到位

表现为资料丢失、技术资料不齐全或没有技术资料，导致难以对设备进行正常维护和完善。

（七）缺乏安全知识

有些矿山企业负责人虽然知道安全工作的重要性，但苦于缺少安全技术人员或技术人员对设备安全知识知之甚少，不知道如何进行日常检查和维护。在检验过程中，有很多企业主动派出技术人员与我"中心"检验人员一同检验，了解受检设备的安全要求和检测检验方法，学习相关知识，力图改变这种尴尬的局面。我"中心"检验人员也尽量宣传相关知识，解答相关问题。

目前，大量的非国有小矿山甚至有些地方的安全生产监督管理人员，在思想认识方面还存在以下几方面的模糊认识：

（1）对检测检验工作的认识不清，由于以前国家没有对在用设备检测检验提出明确的要求，普遍存在认识不足的问题，将检测检验和一般的检查混为一谈，认为检测检验是看一看，走过场。

（2）对设备的安全性能重视不够大量的非国有小矿山负责人认为，不需要进行在用设备检测检验，没有认识到设备安全性能的重要性；没有考虑到提升设备需要有余量，长期满负荷或超负荷运行。

（3）出了安全事故后，第一反应是逃避责任，法律意识淡薄。

三、安全性能检测检验工作的任务

检测检验工作是一项严肃、科学、公正的技术服务工作，检验机构必须能够客观的给出被检设备的现状评价，发现存在的安全隐患，为企业完善安全设施提供依据，促进矿山企业提高和完善重要设备的安全技术措施、提高管理水平、增强安全意识。同时，检测检验的结果要能为安全监管部门了解企业情况和执法提供科学依据，以便解决存在的安全问题。目前，由于大量的非国有小矿山技术力量薄弱、人员素质低，检验人员必须提供一些必要的技术咨询，宣传安全生产的相关知识。为此，在实际工作中，必须坚持检测检验客观公正、严谨的工作作风，一方面严格按规程规范和标准进行检验，不放过任何安全隐患，对检验中发现的问题，书面告知并要求矿山企业定期整改；另一方面要为矿山企业提供优质服务，坚持服务至上的原则，积极协助矿山企业整改，积极为他们提供咨询服务；其次，要求检验人员扎扎实实作好检测检验准备工作，科学制订检测检验方案。

从国内来看，我国非煤矿山每年死亡人数在国内各行业中排第3位。从国际上来看，我国非煤矿山每年因事故死亡人数在世界上最高。重大事故发生率高，危害大，矿山安全生产形势非常严峻。从总体情况来看，众多井下开采的小矿山安全生产条件差，工人的生产安全没有保障，是最危险的行业。

非国有小矿山往往事故严重，重大伤亡事故发生率高，这与采矿秩序混乱、缺乏安全生产知识、使用的设备混乱、生产设备不具备安全生产基本条件、无证开采等有关。与国外矿业发达国家相比，我国矿山的生产设备落后，安全措施欠缺，劳动生产率极低。

必须清醒地认识到，促进安全生产水平的提高，应从重要设备的安全性能定期检测检验、整顿矿业秩序等几个主要方面入手，逐步改变生产设备落后、缺乏安全知识、采矿秩序混乱的局面，按照安全规程和有关规定的要求，完善安全措施，提高矿山企业的整体管理水平。随着检测检验的开展，矿山在用设备的安全性能水平，也必将提高到一个新的水平。

第六节　湖北省在用矿山设备安全检测检验工作

　　贯彻落实《中华人民共和国安全生产法》，我省自 2007 年开始开展在用矿山设备的检测检验工作以来，已有几年时间，全省检测检验机构也从最初的两家发展到现在的五家，每年检测检验的项目近三百项，检测检验的在用矿山设备过千台（套）。通过两个检测周期的检测，在进行检测检验的同时，对矿山企业进行现场安全技术咨询、培训服务，促使矿山企业淘汰了一部分安全装置不齐全、安全设施无保障的陈旧设备，完善了在用矿山设备的各种安全保护装置、安全设施的规范使用，促进了矿山安全、高效、节能先进技术设备的推广使用，如选用具有安全保护装置齐全、全自动控制、可实现无人值守的螺杆式空气压缩机；选用变频调速、盘型液压制动控制的提升机（绞车）；选用对旋式、变频调速控制的通风机等，矿山企业的在用矿山设备完好率有了很大提高，在充分发挥检测检验机构的技术支撑作用方面起到了一定的作用。

　　随着安全生产法制建设的逐步完善，涉及人身安全的矿用产品，将依法进行强制检验。强制检验产品只能由具有资质的检测检验机构承担，没有取得资质的检测检验机构，不能承担法定的强制检验工作。强化和规范我省矿山安全生产检测检验工作，提高对开展矿山在用安全产品检测检验工作必要性和迫切性的认识，要求所有在用的矿山设备、材料、仪器仪表，必须具有可靠、稳定的安全性能和使用性能，对矿山在用安全产品的安全性能进行强制性的检测检验是十分必要的。通过建立强制性在用矿山安全产品检验制度，督促矿山企业加强对在用矿山安全产品的经常维护、维修和保养，提高对在用矿山安全产品的管理水平，减少由于在用矿山安全产品引发的安全事故，达到为矿山企业安全生产服务的目的。

　　由于我省大多数矿山企业规模小、基础弱、缺乏专业技术人员，矿山企业普遍存在安全投入不足，设备老化，带病运转的现象，针对矿山（特别是井下）在用矿用产品运行的现状，也迫切需要建立起一个统一的、规范的矿山在用安全产品监督管理办法，对在用安全产品进行强制性的定期检测，督促矿山企业加强在用安全产品的管理，提高在用安全产品的安全性能，减少在用安全产品引发的各类事故。

　　为了加强对安全生产检测检验工作的管理，促进安全生产检测检验机构健康发展，规范检测检验的行为，确保检测检验质量，为安全生产监督管理（煤矿安全监察）工作提供技术支撑和技术保障，保证生产经营单位安全生产，结合《中华人民共和国安全生产法》《中华人民共和国矿山安全法》《煤矿安全监察条例》等法律、法规，须要及时制定《湖北省安全生产检测检验管理办法》，对我省生产经营单位的安全生产进行有效监督管理，对我省检测检验机构的检测行为进行规范和约束。

在制定《湖北省安全生产检测检验管理办法》过程中，应重点解决以下几个方面的问题：

一、明确强制检测检验的在用矿山安全产品的范围（目录）及检测检验的周期

国家安全生产监督管理总局、国家煤矿安全监察局 2012 年 5 月 10 日下发了《煤矿在用设备设施安全生产检测检验目录（第一批）》，我省煤矿安全监察局应根据我省煤矿安全生产检测检验工作实际，制定适合于我省煤矿安全生产实际的检测检验目录及检测检验周期。

二、明确检测检验项目的收费标准和收费依据

在没有收费标准和收费依据的情况下，对生产经营单位和检测检验机构都没有一个统一管理的有效约束机制，存在无序竞争，生产经营单位得不到应有的服务。

通过制定有关检测项目的收费标准和收费依据，指导检测检验机构合理收费，减轻矿山企业负担。检测检验服务收费公开透明，通过网站、客户接待室公开、公示检测检验收费标准，采取措施使收费公开、透明，按照公开的收费标准进行收费服务。

三、加强专业队伍人才建设

生产经营单位应配备一定数量的专业人员，从事在用矿山设备的管理、安装、维修、维护和保养工作。

检测检验机构的检测检验队伍应由专业人员组成，需要进行有关法律、法规、专业知识的培训，统一发证，持证上岗作业。对从事在用矿山设备检测检验的专业队伍人才，要求是矿山相关专业具有多年矿山实际实践经验，能够针对性解决矿山设备问题的专业技术人员。

四、统筹规划、合理布局、总量控制检测检验机构

矿山企业地理环境位置的特殊性，大多数位于偏僻的山村，上矿路途遥远。统筹规划、合理布局检测检验机构就近服务，节省成本，提高服务时效及服务质量。总量控制检测检验机构数量，有效地利用人力、物力资源更好地为矿山企业进行技术服务。

检测检验工作是一项常规化、常态化、经常性、周期性的工作。检测检验服务机构应提高认识，扎扎实实落实开展工作，不能流于形式走过场；应科学、公正、客观地进行服务；为矿山企业提供技术指导服务，为我省各级安全生产监督管理部门提供科学管理依据，充分发挥中介服务机构的技术支撑作用。

第七节　金属非金属地下矿山在用设备安全性能检测

2016年，安徽省安全生产科学研究院对部分地市进行了金属非金属地下矿山设备设施检测检验工作，共检测矿山企业33家，其中大中型矿山10（30%）家，小型矿山23家；国有矿山6家（18%），私营矿山27家。检测设备201台，其中提升设备54台，主通风机38台，主排水泵108台，井下移动式空压机1台。检测中共发现问题260项，其中提升系统发现问题143项，其他设备发现问题117项。

一、检测结果统计分析

（一）按企业规模

共检测大中型矿山企业10家，检测设备80台。其中提升设备21台，主通风机14台，主排水泵45台；存在问题76项。

共检测小型矿山企业23家，检测设备121台。其中提升设备33台，主通风机24台，主排水泵63台，移动式空压机1台；存在问题184项。

大中型矿山单台设备平均存在问题0.95项；小型矿山单台设备平均存在问题1.52项，是大中型矿山的1.6倍。统计结果表明，大中型矿山在用设备的安全性能明显好于小型矿山。

（二）按企业性质

共检测国有矿山企业6家，检测设备55台。其中提升设备15台，主通风机8台，主排水泵32台；存在问题50项。

共检测私营矿山企业27家，检测设备146台。其中提升设备39台，主通风机30台，主排水泵76台，移动式空压机1台；存在问题210项。

国有矿山单台设备平均存在问题0.90项；私营矿山单台设备平均存在问题1.44项，是国有矿山的1.6倍。统计结果表明，国有矿山在用设备的安全性能明显好于私营矿山。

通过结果比较，国有矿山单台设备存在问题平均数量较大中型矿山降低0.05项，说明国有矿山在用设备的安全性能好于私营大中型矿山；而私营矿山单台设备存在问题数量较小型矿山降低 0.08 项，原因是私营矿山统计数据中，包括了私营大中型矿山，说明私营大中型矿山在用设备安全性能好于小型矿山。

（三）按设备种类

按设备种类可分为提升设备、主通风机、主排水泵、井下移动式空压机。其中检测提升设备 54 台，发现问题 143 项；主通风机 38 台，发现问题 45 项；主排水泵 108 台，发现问题 70 项；移动式空压机 1 台，发现问题 2 项。

提升设备单台平均存在问题 2.65 项；主通风机单台平均存在问题 1.18 项；主排水泵单台平均存在问题 1.54 项。统计结果表明提升设备存在问题相当严重。

提升设备主要存在问题：闸瓦空行程时间大于标准要求值（0.3s）；液压站无相关保护装置或保护装置失效；二级制动失效；过卷装置安装位置错误；深度指示器失效保护装置有故障；闸瓦间隙保护装置安装错误；信号装置未与安全门、摇台闭锁或闭锁装置不按要求投入使用；钢丝绳选型错误；未按要求定期检测等。

主通风机主要存在问题：缺少风机资料；缺少风机铭牌、相关标识、标牌等；无反风设施；未配备消防器材等。

主排水泵主要存在问题：缺少水泵资料；未按要求定期检测；未安装进出口压力表。

二、原因分析

以上统计分析结果表明，私营小型矿山在用设备安全性能较差，其中提升设备存在问题严重。

（一）私营小型矿山

安全管理意识淡薄，管理方法欠缺，安全生产责任制未得到有效落实。管理制度只停留在文字上，没有具体执行。设备原始资料缺失严重，个别设备甚至没有任何资料；没有设备运行、维护保养记录。设备检查内容盲目照搬照抄，不切合实际，检查活动形同虚设。

缺少机械设备技术人员，通常由电工代替。没有对设备出厂质量或安装过程中，存在的安全隐患进行识别的能力，所购买的设备为非矿用产品，不符合安全标志管理规定要求，不满足设备本质安全要求；安装质量不合格，缺少必要安全保护装置。发现安全隐患不能及时解决，设备带病运行现象比较普遍。

（二）提升设备

生产厂家多，产品质量参差不齐，部分厂家的产品偷工减料，甚至存在提升绞车贴牌销售现象，仅仅依靠安全标志管理很难确保产品的出厂质量。

提升设备结构复杂，自动化程度高，使用频率大，对设备运行、管理人员的专业知识要求高。目前，面向企业的适用技术培训大部分都是取证培训，而设备管理人员，无取证要求，基本没有经过专门培训，不能有效地对设备进行正常维护和保养。

三、建议

（1）加大培训力度，提高设备维护和管理水平。让企业相关人员掌握矿山设备的管理规定，特别是矿用产品安全标志管理规定、矿山设备淘汰产品目录等，防止购买不合格或淘汰产品。针对设备基本原理，学习日常维护保养技术，开展相关业务知识培训，确保相关人员能够正确、有效地对设备进行日常管理工作。

（2）严格把关设备安装检验质量。设备在安装过程中出现误差，对整个系统将产生很大的安全隐患，特别是提升设备的中心线确定、地脚螺栓安装、液压站清洗等，一旦安装结束后，再进行调整难度很大；同时，中小型矿山企业技术力量很难对提升设备的安装质量进行严格把关。建议参照特种设备管理规定，在提升设备安装过程中，对其安装质量进行监督检验，对关键环节的安装质量进行严格把关。

第八节　矿山机械设备故障的诊断与维修

对于煤矿企业而言，矿山机械设备是其生产中最重要的工具，尤其是在全面现代化的的今天，对煤矿企业的生产技术水平进行衡量的一个重要指标就是机械设备。而保障企业能够进行生产经营的基础，则是进行机械设备的管理以及对故障进行分析和维修，同时其也是保障产品质量的重要前提，亦是提升企业利润的主要途径。故而，煤矿企业在对机械设备的管理上要求得比较严苛，必须要合理的使用有助于故障诊断的各种技术，切实有效的做好机械设备的维护工作。

对矿山机械设备出现故障的原因进行分析，主要牵涉到对系统的分析，对结构的分析及对测试的分析并与断裂相关的多种知识。一般而言，对矿山机械设备出现故障的原因进行分析时，主要从以下几个方面入手：首先，对故障产生的原因以及机理进行确定。这就需要对导致机械故障的元件进行无损检验，并对其性能进行测验，从宏观和微观两个方面对断口进行检查，综合分析各检验的结果，对导致故障的原因等进行初步的确定。其次，相关技术人员对故障的发生情况进行详细的调查和了解。要对故障发生的具体时间，当时的环境条件以及设备使用的条件等资料进行收集，同时对故障件的图样，使用方法，验收报告，是否出现过故障，维修记录等一些基本资料进行整理，而后进行对故障件的检查和清洗等工作。最后，技术人员要对调查得到的所有资料进行分析和总结。给出一个包括确定的结论以及建议在内的报告。既能够积累数据资料，又有助于对工作的改进以及日后进行经验的交流，此外也能够在进行索赔时提供书面材料。

一、矿山机械设备故障特点

（一）潜在性

矿山机械设备主要使用在采集、选择矿石等矿山作业当中，平时的工作量巨大。在使用矿山机械设备当中，非常容易出现损伤。不管是机械设备的任何一部分受到损坏，都将在设备内部参数方面有着显著的表现，如果这个参数出现了改变，将超出设备的承受最大值，将直接导致矿山机械设备内部出现潜在故障。

（二）渐发性特征

机械设备故障能够成为一个不断发展的流程，矿山机械设备不论是价值还是质量要求都非常严格，从而需要机械设备具备非常稳定良好的性能，以及相对长的使用周期，一旦机械设备自身具备一定的耐磨和使用稳定性，一般不容易出现故障，可是随着时间的不断流逝，机械磨损日复一日，肯定会构成一系列的故障，那么就直接表现出其渐发性特征。

（三）耗损性

机械设备使用过程中损耗性不可避免。就是指在使用流程中，会跟随着时间的推移，质量和能量出现比较大的变化，需要全面的维护，也不能恢复到刚刚使用的性能。那么发生机械设备故障的概率会伴随着维修次数的增加而增加，耗损性也会伴随着机械设备使用时间的增多而增长，就是使用机械设备的必然规律，不可逆。

二、矿山机械设备故障进行诊断中的特征

随着科技的发展对矿山机械设备故障进行诊断的相关技术也得到了大力发展，其主要有以下几个特征：

（一）发展方向趋于复合型

对矿山设备故障进行诊断的技术涉及到的范围十分广泛，其中囊括了物理学以及动力学和摩擦学等多个学科，可以说其是一个综合性很强的行业，故而，对知识面以及工作经验等方面的要求都比较高。

（二）实践性

对全部矿山设备出现的故障进行诊断中应用的技术以及维修的方式方法均需要与

当时的实际状况相结合，以实际为基本依据，但是最后对于故障进行处理的结果以及原理都是有实践性的。

（三）一定的目的性

一般而言，对矿山机械出现的故障进行诊断时，诊断目标十分明确，可以针对性的发现设备运行系统中出现的故障，并使用相应的技术，对发生故障的位置进行精确的定位，研究分析产生故障的具体原因，并在此基础上，确定维修的具体方案。

二、矿山机械设备故障诊断方法

（一）利用工况参数进行监测

工况参数重点包含了设备温度、正常压力、振动情况，技术工作人员需要通过对这些参数的诊断来达到发现故障的目标。可行性主要是机械设备故障在运行过程中温度一般都会存在异常，据此，技术工作者可以将每一个设备各个部件工作的正常温度录入到系统数据库当中，一旦在线监测系统当中出现温度异常，就能够按照指标对出现故障或者将要出现故障的详细位置以及可能因素进行辨别，维修工人接收到警报之后，可以马上修复故障，确保设备正常运转。

（二）智能检测技术

此种诊断技术主要是按照系统控制将人脑特征进行模拟，更加方便地将故障信息进行获得、传输、处理、利用，使用系统当中已经设定好的专家诊断经验和策略进行故障诊断的方式。此种方式当前已经在我国获得良好的研究成果的就是神经网络以及专家系统，矿山企业工作当中应用非常广泛，具备非常大的发展效果。另外，矿山机械设备故障存在非常强大的潜在性和复杂性，将直接给传统的故障诊断方法带来困难，无法及时地对故障进行准确判断。可是利用智能检测技术就能够利用其特有的优点将这个问题解决，从而能够精准地分析故障，获得科学合理的诊断结果。

三、矿山机械故障维修处理策略

（一）预检

普遍来说，机械设备预检工作主要是主修技术工作人员负责，并且需要维修机械设备使用单元的人员以及机械操作工作者的互相协作之下完成。实现机械设备预检工作，不但可以将机械设备的劣化位置和程度进行验证，还能够利用预检工作将可能存在的问题及时找到，有助于深入的将设备进行了解，同时配合对设备技术状态变化规律的立即控制，从而可以确定出更加有效的维修计划。

（二）故障维修

故障维修工作主要是保持在功能故障的前提下，目标是为了将故障排除，将机械的完好状态恢复。机械当中的故障小修主要是将机械运行过程中的局部故障排除，维修工作一般是将局部换件、调整为主，主要恢复机械的功能，修复之后机械性能与出现故障之前一样，一般就叫做最小维修。机械当中的大中修主要是对机械的彻底维修，恢复机械性能比较大，按照预防维修的方式进行分析研究。

（三）强化矿山机械设备故障维修处理方法

目前，对矿山机械设备当中更加常见的故障问题，最常用的维修处理策略就是专业维修、综合作业。现实情况中，最为常见的机械维修方法就是互换和单机维修两种。单机维修方式需要投入大量的时间，但是效果不佳，所以并不是建议采用。对互换修理方法来讲，全部拆下机械零部件，一方面可以对替换零部件进行修复；另一方面修复完毕之后可以给检验工作带来方便，从而节省了人力物力。利用互换维修方式可以极大地降低机械设备维修时间，更好地将机械设备完好率改善，保证运行期间机械质量和使用寿命。

总而言之，矿山机械设备故障并不是骤然出现，而是经过长时间的使用当中不断经过磨损、腐蚀、老化形成。为了保证采矿作业安全高效率水平，采矿单位需要增强对矿山机械设备的管理力度，将有关工作者的维修养护意识增强。在未来的工作当中，有关的技术工作者需要利用实践将经验积累下来，将自身的技术水准提高，保证我国矿山机械设备运行健康可靠稳定。

四、诊断矿山设备故障的一些方式

因矿山机械设备的功能，构造以及工作的状态各不相同，所以故障的时候所表现出来的形式也不完全相同，对其多发的故障主要有：机械的性能参数出现忽然间的降低，由于磨损而产生的残留物显著增多，电压以及电流出现剧烈的波动等。发生机械故障的方式较为多样，充分体现了造成故障的原因比较复杂，此外，煤矿设备发生故障的概率也不是一成不变的，而是随使用时间的延长而发生着一定的变化。但一定要在故障发生以后，及时采取相对应的方式进行处理。

（一）利用矿井提升机检测技术

一般而言，保证矿井的提升机能够安全的运行工作，对确保整个煤矿正常运转有非同一般的意义，密切关系到煤矿工作人员工作环境的安全性。在进行诊断时，首先要对工矿参数进行测量，对取得的相关的数据进行处理和研究。一般来说，软故障是导致硬故障的的一个诱因，故而技术人员要充分的重视对软故障的检查和维修，最好能够定期进行预诊。为了充分保障提升机能够安全平稳的运行，科技工作者对各类技术进行了大量的分析，研究出能够对提升机进行诊断的检测设备，确保提升机能够顺利运转。

（二）利用信息处理技术

现场采集到的与矿山设备相关的各类信息，并不能直接的被用来作为判断设备当时状况的依据，因为这里面既有有关的信息，也有无关的数据，所以，首先要处理采集到的信息，筛选出有价值的信息并将其转换成机器或者人能够读懂的信息，如此才能够真正意义上完成信息的采集，在此过程中，信息处理技术发挥了重要的作用。

（三）利用工况参数进行监测

工矿参数主要囊括设备的温度，正常压力以及振动状况等基本参数，技术人员可以对这些参数进行诊断以发现故障，这里拿温度诊断进行举例说明，其可行性基础是故障设备在运转工作时温度一般都存在异常，基于此，技术人员可以把每一种设备中的各个部件工作的正常温度录入到系统的数据库之中，如果在线监测过程中发现温度出现异常，就可以依据数据指标对已经出现故障或者将要出现故障的具体位置以及可能的原因进行判断，维修技工接收到警报以后，就可以马上对故障进行修复，保证设备能够平稳运行。

（四）投入设备资金方面应有一定的保障

到目前为止，仍然有不少企业依旧使用着相对原始的设备，老化的机械设备导致技术水平受限，无法得到提升，煤矿企业应该增加对设备资金的投入，淘汰一批噪音污染严重，耗电量大的老旧设备，购置新型高科技设备，既能提升设备的性能又能提高工作的效率。

五、对矿山设备进行保护

我们对矿山机械设备故障的诊断方式进行了分析，为了预防其出现故障，平时我们需要对矿山设备做好必要的维护。一般我们采用三级保养制度对矿山设备进行维护，这表明我国矿山设备的维修管理工作的重心从修理转变成保养，更加注重对故障的预防。三级保养制是一种以操作者为主来对设备进行强制性的维修，在此过程中将保护作为重点，同时兼顾维修。这种保养制需要依赖于全体成员，并充分地调动所有人的积极性，使管理和维修依靠全员，专业人员和群众相结合来共同对设备进行养护。

三级保养制主要包括对设备进行日常的维护和保养，以及一级保养并二级保养。这一保养制度把在对设备的管理工作中将维护保养的地位突出出来，对操作工人的工作要求进行了具体化，促使维修人员在对设备进行维修方面的知识以及技能有所提升。

将三级保养制应用到本国企业中获得了较好的效果。一方面在一定范围内增加了企业设备的完好率，使设备发生故障的概率有所下降，另一方面，还令进行设备大修的周期得到一定的延长，且降低大修的费用。

总之，煤矿企业进行生产的条件以及过程均比较复杂，促使企业机械化的程度在不断加深，而想要保证矿山能够稳定的进行生产，提升效益就必须要合理的使用故障诊断的各种技术，同时做好设备的维护，使设备正常平稳工作。

六、有色金属矿山机械设备的使用维修

（一）预防维修

机械维修可以分为维护保养和修理，总体而言预防维修是在机械设备存在潜在故障的情况下，实现零件损伤的消除和减轻，其主要包括三方面的工作，即例行保养、定时保养和特殊条件下的保养。例行保养是对机械的外表进行护理和维修，并不改变机械的年龄和故障率。例行保养包括对机械设备进行清洁、润滑、检查和紧定等，以改进和维持机械的使用现状。定期保养主要是对机械设备进行进一步的清洁、润滑、检查、调整和局部换件等，通常可以分为一级保养、二级保养和三级保养，不同级别的保养对象、保养周期、维修范围以及性能恢复度有所不同。

（二）故障维修

故障维修是对存在功能故障的设备进行维修，以恢复机械的良好工作性能和状态。故障维修可以分为故障小修、中修和大修。故障小修是针对设备运行过程中，出现的局部故障而言的，一般需要局部换件或者进行合理的调整，最终恢复机械设备的正常功能。小修后机械的性能和故障率与之前是相同的。

（三）日常保养

在日常工作中，应组织工作人员定期、定时对设备进行检查，这种检查主要包括设备运转前、运转中及停机后三部分，保证故障能够及时发现解决。除此之外，还应安排专业技术人员，按充分学习、运用先进的维修和保养技术，提高企业员工的保养维修技能，最大限度地发挥机械设备的经济效益。

七、有色金属矿山机械设备的故障诊断

（一）油液监测技术

油液监测技术是对机械设备所用的油液进行理化分析，来确定设备运行的状态的一种监测手段，根据数据类型或者经验，来判断机械设备是否正常运行和故障存在的

情况。

机械设备中齿轮油的状态监测。针对齿轮油的监测，可以根据油品情况分析齿轮及轴承的磨损情况，并对故障原因进行初步判断，及时找准故障点实施并快速检修。此外还可以根据油品情况，及时更换齿轮油，优化齿轮润滑油品的选择。

发动机机油的监测。在故障检测中主要从两方面对发动机机油进行检测。首先有针对性的分析对发动机出现的异常现象，然后根据故障或者异常特性取样分析，从而确定故障点和损坏程度，有针对性地进行保养和检修。再次就是对发动机保养周期，进行合理的更换机油，对换掉的机油实行监测。

（二）振动检测

在矿山设备日常运行中，将设备产生的振动信号进行及时收集与分析处理，积极提取有用信息作为设备状态监测与诊断的依据。具体来说，可以分为三步走方针：一是测定机械设备整体的振动强度，进而判断机械设备运行状态是否正常，是否存在运行障碍。二是通过频谱分析，具体定位异常故障发生在哪个环节上面。第三，对于齿轮、滚动轴承等制定的零部件，通过特殊技术进行针对性深入研究。通常情况下，在机械设备检测过程中，先进行整体强度测定，然后针对性地进行第二步检测、三是定位，能够准确定位故障零部件的异常震动，并及时做出诊断。

（三）无损探伤

无损探伤技术是当今技术发展的一个体现，是在不破坏机械零件结构的条件下，对零件内部或表面缺陷进行探测的一种技术。由于经常对所承担的矿山机械设备结构件进行焊接、维护和组装，设备的安全运行、保证设备检修质量和效率重要性的关键是确认机械构件是否有缺陷。在现实生产中，检测探伤的方法有超声波探伤、着色探伤和磁力探伤。超声波探伤应用非常广泛是用来探测金属内部缺陷。而用来探测金属表面裂纹的是磁力探伤和着色探伤。

（四）红外测温

矿山机械设备运行正常与否，一般会通过温度的形式展现出来。现阶段，开始出现了激光测温、微波测温等新型的测温技术。比如说，可以通过红外测温技术监测矿山设备轮轴箱的温度。在矿区运输干线两侧的钢轨上放置红外测温仪，红外测温仪会逐个扫描通过的轴箱，并且输出相对应的信号记录下来。若某个脉冲信号非常强，则证实这一轴箱的温度过高。然后结合具体的脉冲信号位置，准确的判断温度过高的轴箱，然后及时性、针对性的采取解决对策，预防事故发生。

（五）机械液压系统的诊断

主观诊断技术。主观诊断技术指的是维修人员采用简单的仪器凭借自身的实践经验，对故障产生的原因与部位进行分析与判断。其中包括：直觉经验法、逻辑分析法、参数测量法、故障树分析法与堵截法等等。

仪器诊断技术。仪器诊断技术指的是依据液压系统的温度、压力、流量、震动、噪声、油的泄露与污染、执行部件的力矩、速度等等方面，经过仪器显示或者是计算机运算而得出诊断的结果。方法包括震动诊断法、铁谱记录法、热力学诊断法与声学诊断法等等。

智能诊断技术。智能诊断技术是指模拟人脑的技能，有效地获取、传递、处理与利用故障信息，使用大量独特的专家经验与诊断策略，识别与预测诊断对象，包括灰色系统诊断法、模糊诊断法、神经网络诊断法与专家系统诊断法等等。

总而言之，矿山机械设备的使用与维修是一个复杂且系统的工程，需要在机械生产源头把握质量关，在机械的使用中，提升操作人员的维修意识和技术水平，并注重对机械的保养，多方位、全方位的保证机械设备的有效使用和维修，使机械设备能够更好地为生产服务。

八、矿山机电设备故障诊断技术应用原理

机电设备技术含量较高，应结合机电设备实际应用特点，不断加强技术维护，综合全面分析潜在故障，提升故障诊断的准确性和及时性。在矿山机电设备维修过程中，会遇到各种各样的问题，只有将实际与专业技术相结合，理论联系实际，全面提升机电设备维护管理水平，才能更好地完成设备维护管理工作任务。

矿山机电设备结构复杂，进行故障诊断难度也较大。因此，我们应重视各个环节的故障诊断，从根本上排除设备故障。矿山机电设备故障诊断应遵循科学、有效原理，结合实际，构建数学模型体系。当机电设备运行正常时，工作人员要做好各项数据的记录，为以后的数据比较提供有力参考，通过数据对比，发现潜在故障问题，并进一步确定故障原因。机电设备故障位置的准确判断，离不开科学、有效的数据技术采集、上传、分析，应利用关键性数据对故障做出正确判断。机电设备信息研究阶段，应结合分析识别技术，确定故障种类，并在故障最终判断上，根据信息情况分析做出理智判断，最后将分析结果上传，让相关人员能够及时了解、掌握设备故障情况，快速制定有效的故障排除方案，尽早解决设备故障，保障设备的安全、稳定运行。

九、矿山机电设备故障诊断技术

（一）主观诊断技术

主观诊断是以相关技术人员经验技术为依托，进行机电设备实际运行状况的分析，以确定故障的具体位置和发生原因。这种技术，从一定程度上节省了仪器检查、分析

时间，有一定的应用价值，但是这种方法受技术人员经验和知识影响较大，对技术人员要求较高。技术人员需要掌握简单的诊断仪器，对机电设备运行状况有足够的了解，能够凭借自身经验技术，对故障现象做出准确判断，快速找到问题的症结，及时排除故障，减少设备故障损失。主观诊断技术适用于任何种类的机电设备故障，技术应用人员应积极积累经验，提高自身专业知识和技术水平，以满足实际需要。但想要所有人员具有主观诊断技术水平是不现实的，单纯依靠这种技术进行故障判断的难度也较大。因此，我们要深入研究各种故障诊断技术，提升故障诊断的及时性、有效性，争取第一时间发现问题、排除故障，实现安全生产、高效生产。

（二）仪器诊断技术

仪器诊断技术是利用先进诊断仪器进行机电设备故障诊断，工作人员需要根据设备实际使用情况做出科学、合理判断，对设备运行情况实施科学有效检测。由于仪器诊断技术科学含量较高，技术运用检测准确度较高。因此，仪器故障诊断实际应用范围较广，随着诊断技术水平的不断提升，诊断仪器性能有了很大的提升，各方面功能趋近完善，诊断准确度较高。仪器诊断技术应用越发普遍，技术作用越来越大，该项技术将会在矿山机电设备维修检测中逐步推广，不断降低故障发生概率，减少设备故障损失。

（三）数学模型诊断技术

数学模型诊断技术有着良好的故障诊断效果，在实际应用过程中，该技术主要运用数学知识，结合实际设备运行数据，构建科学、有效的机械设备相关模型，利用先进动态检测技术和传感器技术等科学手段，全面排除设备故障隐患。该项技术通过对设备参数信息的综合全面分析，提出正确、及时的故障处理办法，进而实现对机电设备故障的科学有效判断，更好地满足矿山设备应用需求，提高生产效率。

（四）智能诊断技术

智能诊断技术是通过对矿山设备故障数据的有效采集，利用先进技术手段对采集数据进行输入、保存，建立完善的故障诊断体系。我们应结合实际情况，进行相关数据的对照和参考，合理判断设备故障类型。该项技术作为一项综合诊断技术，有着较高的应用价值，是未来矿山设备故障诊断发展研究的重要内容。

十、矿山设备故障诊断技术应用

（一）加强日常设备巡检

设备故障发生后，工作人员需要积极查找问题发生的原因，结合经验做出准确分析判断。切实有效进行设备运行检测，降低故障损失。故障发生有着一定的前期特征，相关工作人员如果能够及时发现前期故障隐患，并加以控制，就不会形成故障。日常设备检测能够快速找到故障问题，为故障排除提供有力依据。我们要做好日常检测工作，尽早发现设备运行过程中的潜在故障隐患，合理规避隐患。日常检测的开展离不开完善的管理制度，我们应明确管理细则，从实际出发，结合技术人员自身情况，责任到人，明确岗位职责。还应不断提升工作人员的思想，使其充分认识到日常检测工作的重要性，做好日常质量保障工作。积极建立完善的故障检测体系，结合设备实际运行情况，建立科学合理的设备检测检查制度，规范设备日常管理维护。一旦发现问题，要进行及时处理，并上报故障信息，减少设备故障损失。作为一线技术人员，应具有高度的忧患意识，积极主动配合管理工作，不断提升自身技术和知识水平，从企业整体利益出发，保证设备运行安全。

（二）学会关注重点

矿山设备是矿山开采过程中的重要组成部分，它并非独立存在的，而是需要各个环节相互配合、协调一致，才能保证工作的顺利完成。设备一旦出现问题，就会影响矿山开采，降低工作效率，影响企业效益。在进行开采工作时，要有所侧重地关注关键设备，实施严格的科学化管理，保证重要设备的安全、可靠运行，避免各类故障。企业应聘请专家进行知识讲授，做好故障检测工作，提升故障检测效果，贯彻落实各项思想教育工作，完善企业管理制度，为故障检测提供有效保证，更好地完成故障诊断任务目标。

矿山设备维修过程中可能发生各种各样的问题，企业需要从自身实际出发，积极采用现代化先进故障诊断技术，做好设备故障的检测和排除工作，将设备安全隐患尽早排除，提升设备运行安全，提升企业经济效益。

对矿山设备机械维修过程中的故障问题进行分析研究，结合专业技术知识和自身工作经验提出故障检测方法，分析了各种故障诊断技术的具体应用，希望能够为矿山设备故障诊断提供有益意见和建议，不断提升设备故障诊断技术水平，实现企业经济稳步增长。

第九节　超声波、渗透无损检测技术在矿山机械设备上的应用

矿山设备的安全使用是避免煤矿事故发生的根本举措，由于矿山机械设备工作环境恶劣，容易产生疲劳裂纹以及机械失效等问题，尤其是当机械设备内部出现疲劳裂纹之后，其仍然在高负荷的环境下运行，受损处就容易产生应力集中，进而导致构件

发生断裂，导致安全事故发生，因此需要我们通过超声无损检测技术对机械设备进行安全检测，及时发现存在的问题与故障，进而制定相应的解决对策，使得机械设备能够在安全、高效的状态下工作。

一、矿山规程、标准对设备无损检测的具体要求

主绞车的主轴、制动杆件、天轮轴、连接装置、主要通风机的主轴、风叶）进行无损检测。《煤矿安全规程》第四百一十二条规定：立井提升容器应采用楔形连接装置，每次更换钢丝绳时，必须对连接装置的主要受力部件进行探伤检验，合格后，方可继续使用。

二、超声波及渗透无损检测技术的原理

超声无损检测技术是一门新型的综合性技术，无损检测就是在不破坏机械设备物理结构和机械结构的基础上利用各种声、光、磁等特性，对机械设备的缺陷进行判断，从而确定机械设备目前的状态。超声无损检测技术主要是利用超声波的工作原理：超声波在均匀连续弹性介质中传播时，其很难出现能量损失，而当存在发射、折射等现象时，此种能量损失就会增加，因此当设备出现缺陷时，超声波就会出现能量损失的现象，进而可以判断该设备存在故障缺陷。

渗透检测是一种以毛细作用原理为基础的检查表面开口缺陷的无损检测方法。其原理是：经一定时间的渗透，在毛细管作用下渗透液渗透到表面开口缺陷中；去除零件多余渗透液并干燥后；再在零件表面涂显像剂；在毛细管作用下，显像剂吸附缺陷中的渗透液，使渗透液回渗到显像剂中；在一定光源下（黑光或白光），缺陷处渗透液痕迹被放大显示（黄绿色荧光或鲜艳红色），从而探测出缺陷形态及分布。

三、超声波及渗透无损检测技术在矿山机械设备应用

无损检测技术能够应用到矿山机械设备的制造与维修中，提高对产品质量的检测，最重要的是超声无损检测技术实现了不破坏机械设备的物理结构，对机械设备无损检测的效果，大大提高了设备检修的工作效率，因此超声、渗透无损检测技术被广泛地应用到矿山机械设备检修中。结合工作实践，目前矿山机械检测应用无损检测技术主要表现在以下几方面：

（一）在矿井煤矿提升机轴中的应用

煤矿提升机轴是煤矿提升设备的重要零件，由于长期运行，提升机轴难免会出现损伤，而部件损伤如果没有及时处理就会产生严重的安全事故，因此需要定期检测，

一般我们应该选择磁粉检测或者渗透检测的方法，对其表面进行无损检测，或者对于轴类的端面可以通过超声波的形式进行检测。具体检测就是将超声探头与提升设备的连接部件进行耦合安装。

（二）天轮轴超声波探伤

对天轮轴超声波探伤也是利用超声波进行设备检测的重要形式，由于天轮轴的使用频率较大，因此需要利用超声波对天轮轴的疲劳损伤情况进行检测，以此及时发现问题，解决问题。具体应用时，需要确定探伤敏感度，因为它将直接影响探测的结果。以内测纵波探伤为主，将仪器调整为内测纵波探伤扫查灵敏度，在被探天轮轴轴向（或周向）施加耦合剂，探头置于被探天轮轴轴向（或周向）处以锯齿形方式绕圆周做往复扫查，探头移动的距离范围应使整个轮座镶入部都能探到。

（三）在主通风机叶片渗透探伤中的应用

风扇叶片的安全运行不仅是保障井下空气流通的重要设备，而且也是井下各种有害气体排除的主要工具，因此一旦主通风机的叶片发生故障就会导致一系列的问题，严重的会导致煤矿出现安全事故，因此对叶片进行表面检测是非常重要的，重点检测部位在叶片根部向上 200mm 的范围之内。这主要是这部分区域在通风机中起着关键的作用，也是叶片存在故障的高发区，因此需要严格监控该部位的疲劳损伤程度。现在常用的通风机叶片的材料构成都是铝合金工件和钢件，铝合金的导磁性能非常差，没有办法用磁粉进行检测，所以我们选择利用喷灌溶剂去除型着色形式的渗透检测。

总之，超声无损检测技术对提升矿山设备检修效率，提高安全生产具有重要的现实意义，因此在构建安全生产环境、实现煤矿企业经济效益的基础上，我们要加强超声无损检测技术在机械设备检修中的应用，以此推动我国煤矿生产事业的可持续发展。

参考文献

[1] 李志红 . 100 起实验室安全事故统计分析及对策研究 [J]. 实验技术与管理，2014，31（4）：210-214.

[2] 张立 . 浅析家用电器倒虹吸现象原理及防止措施 [J]. 日用电器，2009（3）：46-49.

[3] 邱晓航，李严峻，韩杰，等 . 基础化学实验 [M]. 北京：科学出版社，2017.

[4] 刘浴辉，罗文君 . 高校化学实验安全与实验规范行为培训 [J]. 实验技术与管理，2011，28（1）：182-185.

[5] 张晓婷，张月霞，杨振华，等 . 常见危险化学品危害防范及处理办法 [J]. 大学化学，2012（27）：56-61.

[6] 翟玉平 . 改进和研制实验仪器，更好为实验教学服务 [J]. 实验室科学，2007（4）：164-165.

[7] 翟玉平 . 数字显示红外干燥器 [J]. 宁夏大学学报，2007（28）：297.

[8] 马光路 . 基于绿色化学理念的化工专业有机化学实验教学改革初探 [J]. 化工管理，2016（11）.

[9] 阎松，孙小平 . 绿色化学理念在化学化工教学改革中的应用 [J]. 实验技术与管理，2017，34（12）：200-202.

[10] 陈古镛，郑晓虹，王清萍 . 滴定分析实验教学小量化探讨 [J]. 福建师大福清分校学报，2005（2）：50-52.

[11] 杨伯伦，贺拥军 . 微波加热在化学反应中的应用进展 [J]. 现代化工，2001，21（4）：8-12.

[12] 靳满满，田文德，陈秋阳 . 化工过程虚拟仿真实验教学模式探索 [J]. 实验技术与管理，2017，34（3）：134-137.

[13] 彭敬东，龚成斌，马学兵，等 . 虚拟仿真实验在化学教学中的作用—以西南大学化学化工虚拟仿真实验教学中心为例 [J]. 西南师范大学学报（自然科学版），2017，42（7）：193-196.

[14] 郑春龙 . 高校实验室安全工作基本规范研究 [J]. 实验技术与管理，2013，30（10）：3-7.

[15] 黄桂兰，刘景全，刘石磊，等 . 实验室安全的影响因素与保障体系 [J]. 实验

室研究与探索，2014，33（7）：301-304.

[16]冯建跃，金海萍，阮俊，等.高校实验室安全检查指标体系的研究[J].实验技术与管理，2015，32（2）：1-10.

[17]张佳.成都市建设工程施工安全重大危险源监督管理研究[D].重庆：重庆大学，2006.

[18]陈晶晶.高校实验室安全管理评价体系的研究[D].上海：华东理工大学，2012.

[19]付国庆，张玲，石玉琴.中外高校实验室安全管理体系比较[J].西北医学教育，2013，21（5）：900-902.

[20]程琳琳，王旭，谭海燕.实验室安全管理及强化管理策略[J].热带农业工程，2013，37（4）：25-29.

[21]高惠玲，郭万喜，李晓林，等.建立高校化学类实验室安全长效管理机制的探索[J].实验技术与管理，2011，28（10）：175-177.